オスプレイエアコンバットシリーズ スペシャルエディション 3

不朽の自由作戦のA-10サンダーボルトII部隊 2008-2014

A-10 THUNDERBOLT II UNITS OF OPERATION ENDURING FREEDOM 2008-14

ゲイリー・ウィッツェル／著
平田光夫／訳

大日本絵画

FT
193

目次 INDEX

SP
985

〈左ページイラスト解説〉

2012年1月5日午後、第303EFSのジョセフ・ヘクスト大尉とその僚機を務めるジョシュア・ルーデル中佐はカンダハル飛行場からOEFの戦闘任務に発進した。当初、両A-10パイロットは基地からそう遠くない場所からの統合戦術航空要求への対応を命じられていたが、離陸後まもなくヘクスト大尉（A-10C、81-0985搭乗）は直接交戦中部隊（TIC）状況ありの報せを受け、その支援を命じられた。こうして両名はアフガニスタン北東部のクナール州へ向かった。目標地域に到着したところ、部隊がパトロールしていた渓谷には冬の嵐が居座っており、その雲により付近の山頂も霞んでいた。地上ではあるSOF〔特殊作戦部隊〕チームが反政府勢力に攻撃され、敵との銃撃戦を繰り広げていた。戦闘陣地が1ヵ所タリバンに占領されて退路を断たれたため、SOFチームのJTAC〔統合戦術航空統制官〕がA-10に攻撃を要請したのだった。兵士たちは「スクワーター」──爆撃を生き残り、脱出を図る敵兵──の可能性にも神経をとがらせていた。

パイロットたちはJTACのあらゆる懸念を払拭できるプランを組み立てた。戦闘状況説明が完了し、目標座標がパスされると、まずルーデル中佐が500ポンドGBU-38型JDAMを戦闘陣地に1発投下した。雲層の上、高度6,600mを周回するルーデル中佐には6㎞下の目標は見えなかった。ルーデル中佐を5㎞遅れて追っていたヘクスト大尉は雲底を突破し、渓谷を遡って標的を映像で捉えていた。ライトニングII照準ポッドで爆撃すべき戦闘陣地を捕捉したヘクスト大尉は「スクワーター」を発見次第、乗機の30㎜機関砲で直ちに射撃できる態勢になった。

先導機だったが目標直上の雲層を突破できなかったヘクスト大尉は、TICのいる地点から雲の切れ目が見つかるところまで渓谷を飛んだ。慎重に高度を落としながらゆっくりと雲間を抜けると、彼はA-10を目標地域へと旋回させた。ヘクスト大尉機が戦闘陣地まであと5㎞の距離まで近づいたところ、ルーデル中佐が投弾したJDAMが目標を直撃した。ライトニングIIポッドで周辺を精査しながらヘクスト大尉は着弾点を飛び越えたが、敵兵の生存者は見当たらなかった。それから彼はA-10を渓谷内で方向転換させると、もと来た方向から離脱していった。その上空ではルーデル中佐も同様の機動を行なっていた。新たな雲間を見つけるとヘクスト大尉は上昇を始め、僚機との合流に向かった。

（イラスト：ゲイリス・ヘクター）

著者

ゲイリー・ウィッツェル

Gary Wetzel

ゲイリー・ウィッツェルはフリーの航空ライター兼写真家である。彼の写真と記事は数多くの有名軍事航空雑誌に掲載されている。米海軍の潜水艦に長年乗り組んでいたが、その軍事航空への情熱は尽きることがなかった。本書はオスプレイ出版から上梓された彼の二冊目の著書である。

機体側面イラスト

ジム・ローリエ

Jim Laurier

ジム・ローリエはニューイングランドで生まれ、ニューハンプシャー州とマサチューセッツ州で育った。鉛筆を持てるようになって以来絵を描きつづけ、これまで多くのメディアでさまざまな題材の作品を創造してきた。オスプレイの航空関連書籍には2000年から携わり、素晴らしい作品で紙面を飾ってきた。専門はヴェトナム戦争時の航空機である。

255
AFRC

1

A-10C、80-0255、第455AEW ／第172EFS、バグラーム空軍基地、アフガニスタン、2008年1月

2

A-10C、81-0975、第455AEW ／第172EFS、バグラーム空軍基地、アフガニスタン、2008年1月

3

A-10C、78-0705、第455AEW／第172EFS、バグラーム空軍基地、アフガニスタン、2008年1月

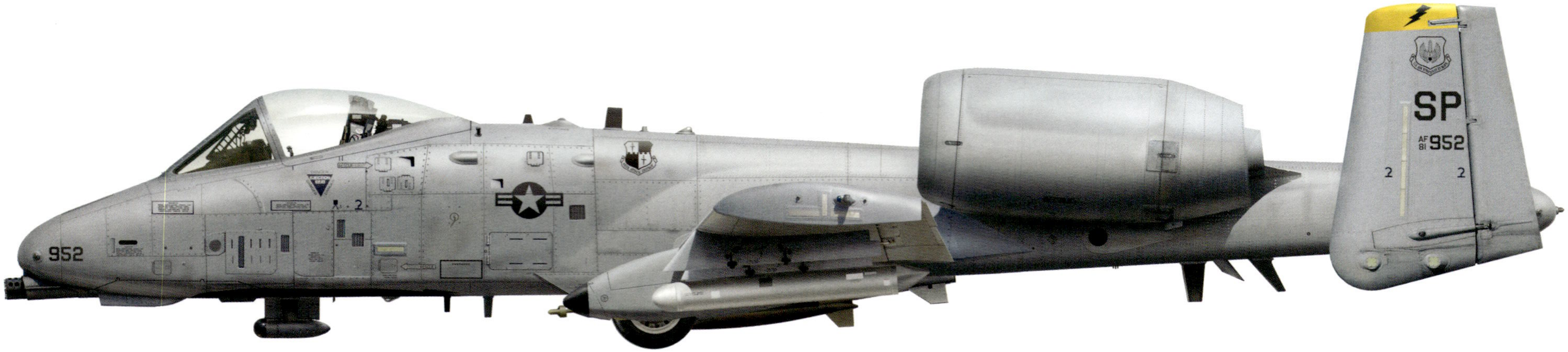

4

A-10A、81-0952、第455AEW／第81EFS、バグラーム空軍基地、アフガニスタン、2008年3月

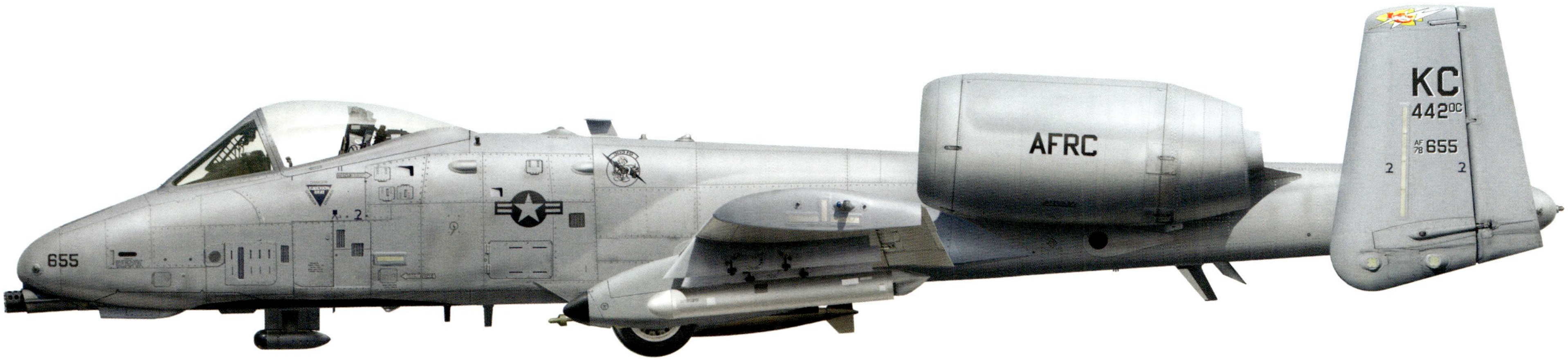

5
A-10A+、78-0655、第455AEW／第303EFS、バグラーム空軍基地、アフガニスタン、2008年6月

6
A-10A+、82-0659、第455AEW／第103EFS、バグラーム空軍基地、アフガニスタン、2008年7月

7

A-10A+、80-0250、第455AEW／第190EFS、バグラーム空軍基地、アフガニスタン、2008年8月

8

A-10C、79-0186、第455AEW／第75EFS、バグラーム空軍基地、アフガニスタン、2008年12月

9

A-10C、78-0684、第451AEW／第354EFS、カンダハル飛行場、アフガニスタン、2009年10月

10

A-10C、79-0202、第451AEW／第354EFS、カンダハル飛行場、アフガニスタン、2009年10月

11

A-10C、78-0719、第451AEW／第104EFS、カンダハル飛行場、アフガニスタン、2010年2月

12

A-10C、79-0129、第451AEW／第184EFS、カンダハル飛行場、アフガニスタン、2010年5月

13

A-10C、79-0194、第451AEW ／第81EFS、カンダハル飛行場、アフガニスタン、2010年8月

14

A-10C、80-0223、第451AEW ／第74EFS、カンダハル飛行場、アフガニスタン、2011年4月

15

A-10C、80-0258、第451AEW／第107EFS、カンダハル飛行場、アフガニスタン、2011年10月

16

A-10C、79-0145、第451AEW／第107EFS、カンダハル飛行場、アフガニスタン、2011年11月

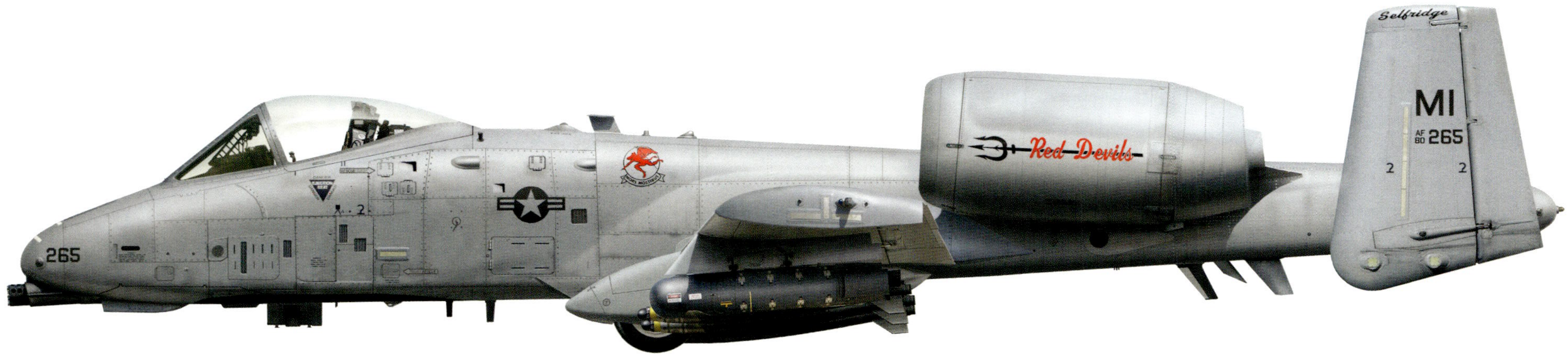

17

A-10C、80-0265、第455AEW ／第303EFS、バグラーム空軍基地、アフガニスタン、2012年1月

18

A-10C、79-0154、第455AEW ／第47EFS、バグラーム空軍基地、アフガニスタン、2012年2月

19
A-10C、80-0188、第455AEW ／第184EFS、バグラーム空軍基地、アフガニスタン、2012年11月

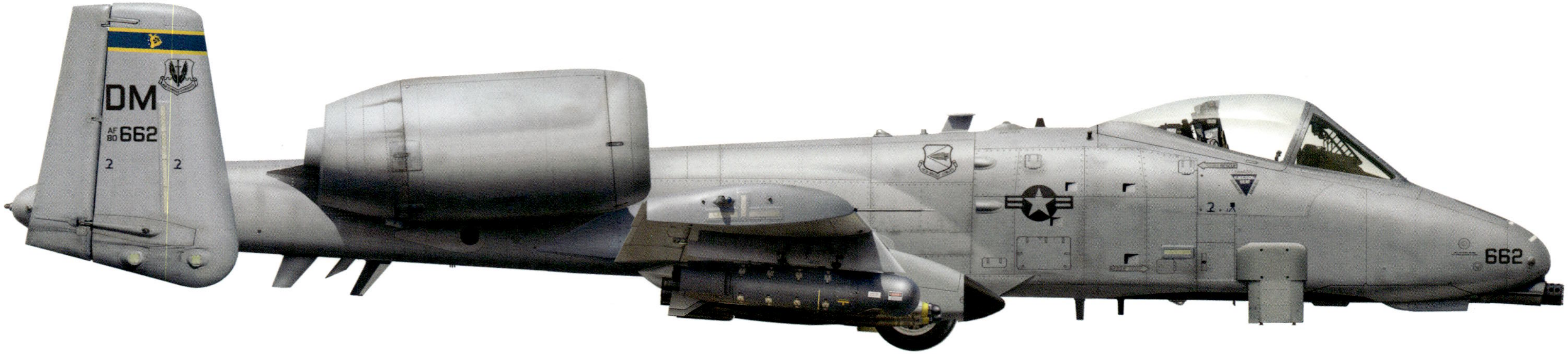

20
A-10C、82-0662、第455AEW ／第354EFS、バグラーム空軍基地、アフガニスタン、2013年1月

21

A-10C、82-0660、第455AEW／第74EFS、バグラーム空軍基地、アフガニスタン、2013年7月

22

A-10C、81-0981、第455AEW／第74EFS、バグラーム空軍基地、アフガニスタン、2013年9月

23
A-10C、78-0697、第455AEW／第75EFS、バグラーム空軍基地、アフガニスタン、2014年2月

24
A-10C、79-0122、第455AEW／第303EFS、バグラーム空軍基地、アフガニスタン、2014年4月

カラー塗装図解説

COLOUR PLATES

1
A-10C、80-0255、第455AEW／第172EFS、バグラーム空軍基地、アフガニスタン、2008年1月

1982年3月31日に米空軍に引き渡されたA-10A、80-0255は当初アラスカ州エイールソン空軍基地の第343TFW〔戦術戦闘航空団〕／第18TFS〔戦術戦闘飛行隊〕「ブルーフォクシズ」に配備された。本機は1991年5月に同部隊の大部分のA-10とともにミシガン州兵空軍第110FG〔戦闘群〕／第172FS〔戦闘飛行隊〕に移籍された。同飛行隊の根拠地はミシガン州バトルクリークのケロッグ州兵空軍基地で、A-10はそれまで10年間同部隊の装備機だったOA-37ドラゴンフライの後継機だった。1995年、第110FGは第110FW〔戦闘航空団〕となった。2007年中盤、第172FSは改良型のA-10Cを受領する二番目の部隊となり、80-0255はその秋、同飛行隊とともに当初はイラク、次いでアフガニスタンに展開し、さまざまな「初」戦歴を記録した。2005年の基地統廃合措置の結果、バトルクリークの所属機は2008年12月にミシガン州兵空軍の姉妹部隊、第127航空団の第107FSへ編入された。

2
A-10C、81-0975、第455AEW／第172EFS、バグラーム空軍基地、アフガニスタン、2008年1月

このA-10も新造機として第343TFW／第18TFSに引き渡され、1982年12月にエイールソン空軍基地に到着した。本機もやはり1991年にミシガン州兵空軍第110FG／第172FSに移籍された。同飛行隊で17年間使用されたのち、本機は2005年の基地統廃合措置の一環として第127航空団の第107FSに移籍された。81-0975は本書執筆の時点〔2014年末〕も同部隊で運用中である。

3
A-10C、78-0705、第455AEW／第172EFS、バグラーム空軍基地、アフガニスタン、2008年1月

1980年3月18日に米空軍に引き渡された78-0705はメリーランド州兵空軍第175TFW／第104TFSに配備され、同部隊はA-10を最初に受領した州兵空軍部隊となった。第175戦術戦闘航空団は1992年に第175戦闘航空団として再編され、その4年後に第175航空団となった。2007年に第175航空団は（第110戦闘航空団とともに）A-10Cへ最初に機種変更する部隊となった。「イラクの自由」作戦では第104飛行隊の5機のC型のうち1機がイラクに派遣され、第172FS所属の「ホッグ」3機とともに海外派遣混成飛行隊を編成し、メリーランド州兵空軍パイロットにより運用されたが、アフガニスタンへの移動後、78-0705に搭乗したのは第172FSのパイロットだった。本機は現在もメリーランド州兵空軍に所属し、その全就役期間を第104飛行隊一筋で過ごしている。

4
A-10A、81-0952、第455AEW／第81EFS、バグラーム空軍基地、アフガニスタン、2008年3月

A-10A、81-0952は1982年10月18日にサフォーク州RAFベントウォーターズ基地で米空軍第81TFW／第510TFSに引き渡された。本機はその後、就役期間の大半を海外で過ごし、1992年7月に第52FW／第81FSに移籍されるとともにベントウォーターを去り、ドイツのシュパングダーレム空軍基地へ転出した。2008年1月にバグラームに派遣された同飛行隊の12機のA型のうち1機として、本機は同年5月まで戦地に留まった。これらの機は実戦使用された最後の未改修型「ホッグ」であり、2009年10月にはA-10が初配備された米国内基地であるアリゾナ州デイヴィスモンサン空軍基地の第355FW／第357FSに移籍された。この飛行隊は訓練生と教官パイロットの両方を教育するA-10の実働訓練部隊である。

5
A-10A+、78-0655、第455AEW／第303EFS、バグラーム空軍基地、アフガニスタン、2008年6月

A-10A、78-0655は1979年10月29日に米空軍に受領され、サウスカロライナ州マートルビーチ空軍基地の第354TFWに配備された。本機は同航空団内の第355および第356という二つの戦術戦闘飛行隊で使用された。1993年のマートルビーチ基地閉鎖にともない本機はノースカロライナ州ポープ空軍基地に移動され、第23航空団の第75FSに再配備された。本機はそこで1年間近く使用されたのち、サウスカロライナ州ショー空軍基地に移され、第20FW／第55FSに配備された。1997年4月、78-0655は南へ移動し、ニューオリンズ海軍航空基地の空軍予備役部隊である第706FSで使用されることになった。11年後、このA-10はホワイトマン空軍基地の第442FW／第303FSに移籍され、本書執筆の時点ではこの予備役部隊に留まっている。

6
A-10A+、82-0659、第455AEW／第103EFS、バグラーム空軍基地、アフガニスタン、2008年7月

82-0659は1983年12月6日に米空軍に引き渡されると、直ちにRAFベントウォーターズ基地の第81TFW／第511TFSに配備され、1989年5月まで使用された。RAFアルコンバリー基地の再編にともない、第509および第511TFSのA-10飛行隊2個はベントウォーターズ基地から同基地へ移動することになった。1990年7月に定期派遣の一環としてドイツのゼムバッハ空軍基地に配備された82-0659はイギリスへ戻らないことになり、代わりにウィローグローヴ海軍航空基地のペンシルヴァニア州兵空軍第111戦術航空支援群（TASG）／第103戦術航空支援飛行隊〔TASS〕に移籍された。第111TASGは第111FWに変更され、82-0659は2005年の基地統廃合措置により第103FSが解隊される2011年3月まで使用される予定だった（しかし同部隊は2010年にA-10部隊を失った）。2010年11月にデイヴィスモンサン空軍基地に移動後、第358FSが2014年2月に米空軍の全戦力構想の一環で解隊されたため、82-0659は同部隊のマーキングをまとった最後の機となった。

7
A-10A+、80-0250、第455AEW／第190EFS、バグラーム空軍基地、アフガニスタン、2008年8月

この機は引き渡し後、1982年11月に韓国の水原《スーウォン》空軍基地の第51TFW／第25TFSに配備された。その後80-0250はルイジアナ州イングランド空軍基地の第23TFWに移籍されたが、約4ヵ月後に再び基地を移動した。次の配備先はウィローグローヴ海軍航空基地を拠点とするペンシルヴァニア州兵空軍第103TASSだったが、1996年に本機は第111FW／第103FSに移籍された。その後このA-10は別の州軍部隊、アイダホ州兵空軍の第124FW／第190FSに移され、本書執筆の時点でもまだこの部隊に留まっている。

8
A-10C、79-0186、第455AEW／第75EFS、バグラーム空軍基地、アフガニスタン、2008年12月

このA-10は1981年1月29日にまずイングランド空軍基地の第23TFW／第76TFSに引き渡された。9年後、79-0186はサウジアラビアのキング・ファード国際空港に展開される48機の「ホッグ」の1機となり、まずは「砂漠の盾」作戦、次いで「砂漠の嵐」作戦を支援した。イラクでの戦闘後、第23TFWは解隊され、79-0816はショー空軍基地へ移動されて第20FW／第21FSで使用された。ポープ空軍基地に移動後、第23FG／第75FSに移籍された本機は、その後同航空群とともにムーディ空軍基地へ移動した。本機の第23航空団での任務は第75飛行隊がOEF展開を終えた2009年1月に幕を閉じ、その後79-0186はネヴァダ州ネリス空軍基地の第57航空団第66武器学校に配備された。

9
A-10C、78-0684、第451AEW／第354EFS、カンダハル飛行場、アフガニスタン、2009年10月

1980年10月26日に米空軍に引き渡されたこのA-10は、直ちにニューヨーク州兵空軍の第174TFW／第138TFSに配備された。同飛行隊は本「ホッグ」をハンコックフィールド基地で8年間使用したのち、ウィスコンシン州兵空軍トゥルーアックスフィールド州兵空軍基地の第115TFW／第176TFSへ移籍させた。本機は同飛行隊がF-16C／Dに機種転換を開始した1992年秋までここに留まった。同年10月、78-0684はデイヴィスモンサンの第355FW／第354FSに移籍された。1993年1月5日、本機は25機のA-10とともに第355航空団の飛び地部隊としてワシントン州のマッコード空軍基地へ移動した。この移動措置は1994年10月に早くも終了し、このA-10はデイヴィスモンサン空軍基地へ戻された。以来、本機は第354FSで使用され続けている。

10
A-10C、79-0202、第451AEW／第354EFS、カンダハル飛行場、アフガニスタン、2009年10月

1981年2月24日に受領された79-0202は当初イングランド空軍基地の第23TFW／第74TFSに配備された。本機は1992年4月まで同航空団で使用されたのち、デイヴィスモンサン空軍基地の第355FWへ移され、以来同航空団内の3個のA-10飛行隊を転々とした。2009年のOEF展開中、79-0202は第354FSの搭乗員により運用されたが、正確には第357FSの所属機だった。胴体とパイロット名表示塗装部の「ドラゴンズ」部隊エンブレムに注意。

11
A-10C、78-0719、第451AEW／第104EFS、カンダハル飛行場、アフガニスタン、2010年2月

本機は1980年4月8日に第175TFG のA-37BからA-10への機種転換にともない同航空群の第104TFSへ配備されて以来、一貫してメリーランド州兵空軍で使用されている。現在本機は第175航空団の第104FSに所属し、本書執筆の時点でも現役である。

12
A-10C、79-0129、第451AEW／第184EFS、カンダハル飛行場、アフガニスタン、2010年5月

1980年8月21日に米空軍に受領された79-0129は、デイヴィスモンサン空軍基地の第355戦術訓練航空団に配備された。本機は1982年にマートルビーチの第354TFWに移籍されたのち、1990年にペンシルヴァニア州兵空軍の第103TASSに移された。3年後、このA-10はバトルクリークのミシガン州兵空軍第110FW／第172FSに配備された。2004年に本機は今度はマサチューセッツ州兵空軍に移籍され、第104FW／第131FSで「シティ・オブ・ウェストスプリングフィールド」と一時期命名されて2年間使用された。基地統廃合措置で第104FWの任務が変更されたのち、2007年4月に本機はアーカンソー州兵空軍の第188FW／第184FSに移籍された。5年後、また新たな基地統廃合措置によりA-10C、79-0129はムーディ空軍基地へ移動され、以来第23FG／第74FS所属機となっている。

13
A-10C、79-0194、第451AEW／第81EFS、カンダハル飛行場、アフガニスタン、2010年8月

1981年2月11日に米空軍に引き渡された79-0194が最初に配備されたのは、ネリス空軍基地の第57戦闘武器航空団第66戦闘武器飛行隊だった。本機はその後イングランド空軍基地の第23TFWに移籍され、1992年5月まで使用された。その後メリーランド州兵空軍の第175FWで1994年まで使用されてから、アイダホ州兵空軍第124FW／第190FSへ移籍された。本機は第190FSの78-0703とともに2010年夏に第81EFSの展開を支援するため「増派」されたが、これは戦闘作戦が増加したためA-10の需要が高まったからだった。2010年7月26日に第190飛行隊の根拠地ボイシ基地からカンダハルへ出発した79-0194は、本書執筆の時点も同部隊で使用されている。

14
A-10C、80-0223、第451AEW／第74EFS、カンダハル飛行場、アフガニスタン、2011年4月

1981年末に米空軍に受領されたこのA-10は、当初イングランド空軍基地の第23TFW／第76TFSに配備された。「砂漠の盾」作戦と「砂漠の嵐」作戦中、80-0223はキング・ファハド国際空港を拠点に戦闘任務を実施した。米国へ帰還後も本機は第23FGで使用され続け、まずポープ空軍基地を、次いでムーディ空軍基地を拠点にした。本書執筆の時点でも同機は第23FGに所属し、第75FSで使用されている。

15
A-10C、80-0258、第451AEW／第107EFS、カンダハル飛行場、アフガニスタン、2011年10月

1982年4月6日に米空軍に引き渡された80-0258は、当初エイールソン空軍基地の第343TFW／第18TFSに配備された。1991年5月に本機はミシガン州兵空軍のバトルクリーク基地を拠点とする第110FW／第172FSに移籍された。本機はこの第172FSで18年近く使用されたのち、2003年に同部隊とともに「イラクの自由」作戦に展開した。2003年4月8日のバグダッド上空の戦闘で、80-0258は敵の肩撃ち式地対空ミサイルを右エンジンに被弾し、大破した。クウェートのアフメド・アル・ジャベール空軍基地から出撃していた本機は、イラク南部のタリール空軍基地へ緊急着陸を強いられた。80-0258は2009年1月まで同部隊最後の所属機としてバトルクリークに留まっていたが、その後セルフリッジ空軍基地へ出発し、同じくミシガン州兵空軍の第127航空団／第107FSに移籍された。

16
A-10C、79-0145、第451AEW／第107EFS、カンダハル飛行場、アフガニスタン、2011年11月

A-10C、79-0145は空軍予備役部隊の第47FS一筋で使用されているが、最初の所属部隊はルイジアナ州バークスデール空軍基地の第917FG／第47TFSだった。1980年10月10日に新造機として同部隊に引き渡された本機は、第47飛行隊が基地統廃合で活動を停止したため、2011年1月に移籍された。しかし第47FSが2013年12月にデイヴィスモンサン空軍基地でA-10の正式な訓練部隊として復活したため、79-0145は現在も第47FS所属のままである。本機は2011～12年の「ホッグ」のOEF展開に参加した同飛行隊の3機のA-10Cの1機で、この時の展開は第107FS、第303FS、第47FSの混成派遣だった。79-0145はアル・キャップ作の漫画『リル・アブナー』の登場人物「ヘアレス・ジョー」の愛称を与えられ、戦地でその絵が胴体下部に描かれた。

17
A-10C、80-0265、第455AEW／第303EFS、バグラーム空軍基地、アフガニスタン、2012年1月

80-0265は1982年5月12日に米空軍に引き渡され、エイールソン空軍基地の第343TFW／第18TFSに配備された。本機は1991年5月までアラスカ州で使用されたのち、バトルクリークのミシガン州兵空軍第110FW／第172FSに移籍され、その後2011年1月に基地統廃合措置によりセルフリッジ空軍基地の第127航空団／第107FSに移動された。本機は2011～12年の「ホッグ」OEF展開に第107飛行隊から派遣された7機のA-10Cの1機で、本書執筆の時点も同部隊で使用されている。

18
A-10C、79-0154、第455AEW／第47EFS、バグラーム空軍基地、アフガニスタン、2012年2月

本機は1980年10月10日に空軍予備役部隊に引き渡されて以来、一貫して第47FSの所属機で、長年バークスデール基地を拠点としてきた。当初第47TFSだった同部隊は1992年2月1日に第47FSと改称された。同部隊は戦闘分類の飛行隊からA-10訓練部隊に変わったが、現在は再び戦闘分類に戻され、訓練任務をデイヴィスモンサン空軍基地で再開している。79-0154はこれらの変遷のあいだもずっとこの飛行隊に留まっていた。2011～12年の「ホッグ」合同展開時に「エヴィル・アイ・フリーグル」〔やはり『リル・アブナー』の登場人物〕の愛称を得た本機も漫画イラストが胴体左側下部に描かれた。

19
A-10C、80-0188、第455AEW／第184EFS、バグラーム空軍基地、アフガニスタン、2012年11月

1981年9月1日に米空軍に引き渡されると、80-0188はまずイングランド空軍基地に配備された。第23TFG／第76TFS所属機として本機は「砂漠の盾」作戦と「砂漠の嵐」作戦の支援に同戦闘群機として展開した。戦地では80-0188はキング・ファハド国際空港を拠点に作戦を実施した。帰還したところイングランド空軍基地が閉鎖されることになり、この「ホッグ」は空軍予備役部隊に移籍され、1992年6月にミズーリ州カンザスシティ郊外のリチャーズ＝ゲバーアー空軍予備役基地に移動された。そこで本機は第442FW／第303FSに配備され、3年を過ごした。1995年5月にこのA-10は別の予備役部隊、ニューオリンズ海軍航空基地の第706FSに移籍された。2008年4月、本機はフォートスミスのアーカンソー州兵空軍第188FW／第184FSに引き渡された。4年後、同飛行隊は人員375名と航空機10機（80-0188を含む）を、第104FSとのOEF合同展開のためバグラームへ派遣した。2014年夏に第188FWが装備機をMQ-9リーパーUAVに転換することになったため、同年6月に80-0188はムーディ空軍基地の第23FG／第74FSに移されたが、現在も現役である。

20
A-10C、82-0662、第455AEW／第354EFS、バグラーム空軍基地、アフガニスタン、2013年1月

米空軍に引き渡された最後から4機目のA-10である82-0662は、1984年2月27日にイングランド空軍基地で第23TFWに受領された。「砂漠の嵐」作戦中、このA-10は第354TFW／第353TFS所属機として30回出撃したが、同航空団に移籍されたの

は展開期間中だった。1992年のイングランド空軍基地閉鎖ののち、82-0662はデイヴィスモンサン空軍基地の第355航空団に移籍され、現在に至っている。

21
A-10C、82-0660、第455AEW／第74EFS、バグラーム空軍基地、アフガニスタン、2013年7月

1984年2月27日に引き渡された82-0660はまずマートルビーチ空軍基地の第354TFW／第355TFSに配備された。本機は1989年に第356TFSに移籍されたが、1992年の閉鎖までマートルビーチ基地に留まっていた。ポープ空軍基地の第23航空団へ移籍後、同航空団とともにムーディへ移動した本機は、2013年にバグラームに第74FSから派遣された10機のA-10Cのうち1機となった。2013年10月にアフガニスタンから帰還すると、本機はムーディの第76FSの隊長機となったが、この予備役人員による準飛行隊は第476FGの隷下にあるため、現役部隊の第23航空団と連携して活動している。

22
A-10C、81-0981、第455AEW／第74EFS、バグラーム空軍基地、アフガニスタン、2013年9月

1983年1月18日に米空軍に引き渡された本機は、まずRAFベントウォーターズ基地の第81TFWに配備され、同航空団の指揮官機マーキングを施された。第511TFS所属機としてRAFアルコンバリー基地へ移動後、本機はペンシルヴァニア州兵空軍の第103TASSに配備されたのち、2010年3月にシュパングダーレムの第52FWへ移籍され、同基地の第81FSで使用された。部隊活動中止に先立ち同飛行隊では全所属機のエンジンナセルに伝統の「パンサー」エンブレムが描かれた。本機は2013年2月にムーディ空軍基地の第74FSに移籍されたが、同部隊は2ヵ月後のOEF展開開始までに第81FSのマーキングを消す時間がなく、第74EFSはSPのコードを付けたままの機を8機、2013年4月にバグラームへ派遣した。

23
A-10C、78-0697、第455AEW／第75EFS、バグラーム空軍基地、アフガニスタン、2014年2月

第355TFWは1980年3月18日に78-0697をデイヴィスモンサン空軍基地で受領した。本機が最初に配備されたのは第357FSで、その後第356FSへ移された。1992年8月、本機はポープ空軍基地へ移動し、第23航空団所属機となった。その後同航空団はムーディ空軍基地へ移動し、本機は現在第75FS機として使用されている。

24
A-10C、79-0122、第455AEW／第303EFS、バグラーム空軍基地、アフガニスタン、2014年4月

1980年8月13日にRAFベントウォーターズ基地で米空軍第81TFWに引き渡された79-0122は、2年少々のち第510TFSに移籍され、1982年10月にイギリスを去った。その後本機は空軍予備役部隊の第442FW／第303TFSに移籍され、現在に至っている。

編集部註：A-10サンダーボルトIIの型式について

A-10は冷戦下の1960年代後半、ソ連軍機甲部隊に対抗するべく産み出された対地攻撃専門の機体である。対空火器による猛烈な攻撃に対してもコクピットまわりを守るチタン合金や機体と切り離して高い位置に配されたエンジン、安全性の高い操縦系統などによって高い生存性を持つが、その一方で運用できる兵器は近年の近接航空支援に対する要求に応えられるものではなかった。大規模な戦車部隊を相手に戦うのと、敵味方が入り乱れた戦場に正確に爆弾を落とすのとでは使うべき機器が大きく異なったのである。A-10がその真価を発揮してF-16やAH-64に対する優位を見せた湾岸戦争ですら、A-10のパイロットたちは索敵や味方の位置確認には双眼鏡と紙の地図というアナログな器具を使い、長時間に渡る各方面との無線連絡がなければ作戦にあたることができなかったのだ。またレーザー誘導爆弾も自機からの誘導ができず、地上などからのレーザー照射を受信しなければ投弾できなかった。

1990年以降幾度かの改修が施されたが、これらの問題を抜本的に解決しようとしたのがA-10Cへの改修である。機体の外面に関して言えばA-10Aとの差はほとんどない。エンジンはTF34-GE-100からTF34-GE-100Aに換装されたが、固定兵装などの変更は全く為されていない。

しかし機体内部には大幅な変更が加えられた。コクピット内のアナログな兵器コントロールパネルとAGM-65マーベリック用モニターは取り外され、多機能カラーディスプレイが取り付けられた。これによって最新アビオニクス搭載機と同等の戦術情報管理が行なえるようになったのである。またこれらの機器を直感的に操作できるよう、HOTASコントロールを導入。スロットルはF-15Eのもの、操縦桿はF-16のものに取り替えられた。

また索敵能力向上のためAN/AAQ-28ライトニング2ポッド、AN/AAQ-33スナイパーXRポッドの搭載が可能になり、レーザー誘導爆弾をターゲッティングすることが可能となった。さらに現代の統合作戦に対応するべくJTRS（統合戦術無線システム）、SADL（状況認識データリンク）など各種データリンクにもつながるようになっている。これらのデータリンクによって友軍の航空機、地上部隊の位置がHUDやターゲッティング用映像に表示されるようになったのだ。

これら抜本的な改修によって、A-10Cは現代戦に適合した近接航空支援機に生まれ変わった。アフガニスタンでの作戦に参加した機体のうち、大部分はこのA-10Cである。

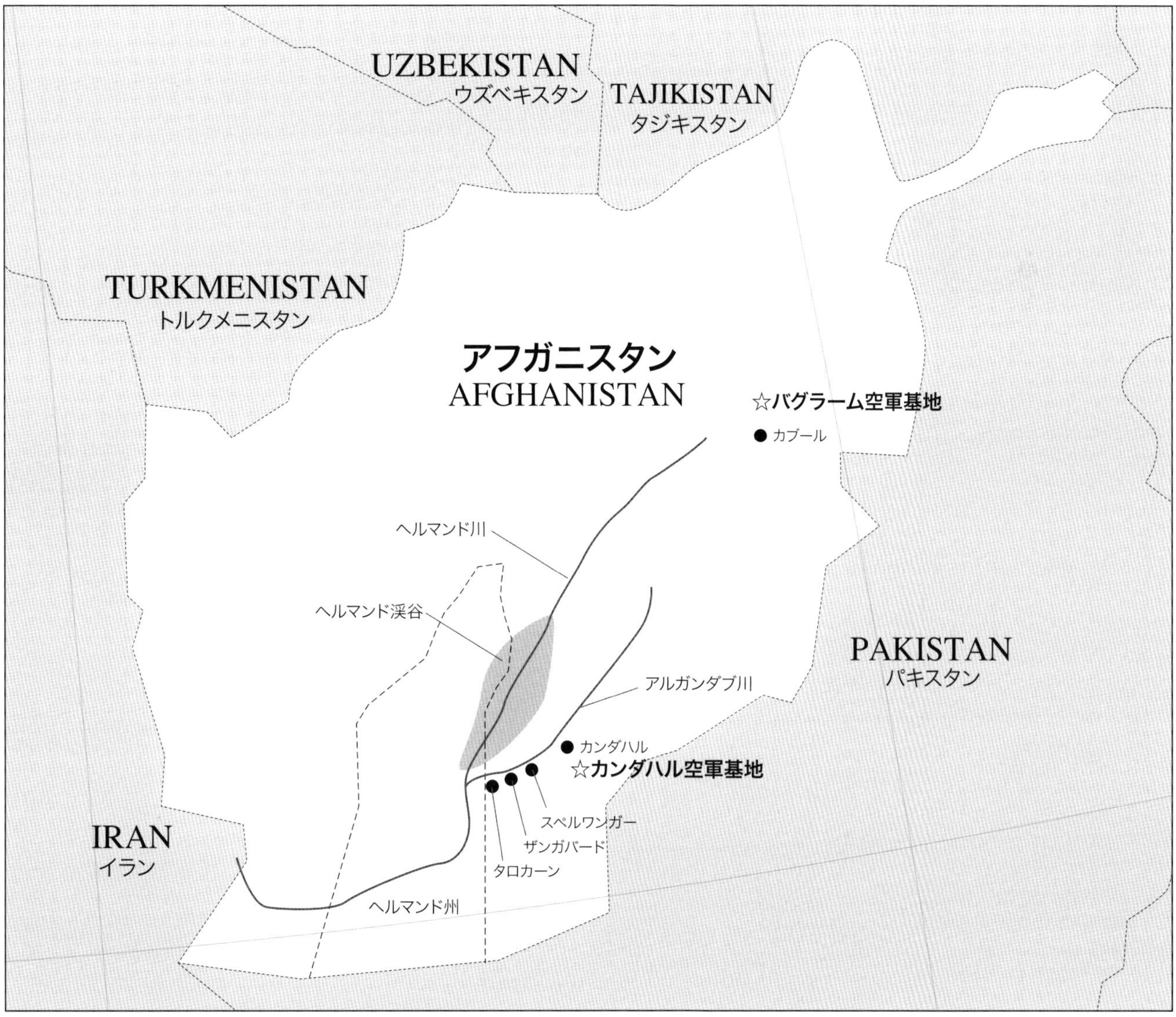

序

INTRODUCTION

本書がまだ執筆中だった2014年秋、またしてもアメリカ空軍はA-10の退役を決定したと発表した。空軍が「ホッグ」の導入を望んでいなかったのは公然の秘密である。戦場でどれほど戦果を上げようが、本機が空軍の意思に逆らって導入された事実に変わりはなく、連邦議会議員たちが空軍と国防省の意思決定者よりいつも一枚上手だったという事実がこの飛行機が21世紀になってもいまだにバリバリの現役でいられる唯一の理由かもしれない。

私がオスプレイ・コンバット・エアクラフト・シリーズから上梓した「不朽の自由」作戦（OEF）におけるA-10についての2冊の本は、アフガニスタンでの戦闘を私に語ってくれた「ホッグ」パイロットたちの協力と思いがなければ実現しなかっただろう。彼らの費やした時間と忍耐に最高の感謝をささげたい。彼らによる戦闘の物語は、ざっくばらんで面白く、洞察にあふれ、そしておそらく決して再び語られないだろう。ありがとう、ドリュー・「ベイカー」・イングリッシュ中佐、トーマス・「ビッグ」・ディール准将、スティーヴン・「ビッチ」・オットー中佐、ジョシュア・「ボンドー」・ルーデル中佐、ブライアン・「BT」・バーガー大佐、ジョン・「バスター」・チェリー准将、アンソニー・「クラック」・ロウ中佐、「Dレイ」・レイマン中佐、「フラッグ」・ヘイデン中佐、マイケル・「フット」・ミレン大佐、ジェレミー・「フロッガー」・ストーナー少佐、アーロン・「ジーザス」・カヴァゾス大尉、エリック・「ゴーファー」・ホワイト少佐、クリストファー・「メトロ」・シスネロス少佐、トーマス・「ナーリー」・マクナーリン中佐、トーマス・「ピータ」・ハーニー少佐、マイク・「ポニー」・ロウ中佐、アーロン・「パフ」・ペイラン大尉、ジョセフ・「ルディ」・ヘクスト少佐、マイケル・「スカッド」・カーリー中佐、クリス・「スラッグ」・パーマー大尉、ケヴィン・「スタッビー」・キャンベル大佐、ラストン・「トロンボーン」・トレイナム少佐、ポール・「ズッコ」・ズーコフスキー中佐、ジェイムズ・シェヴァリエ大尉、そして何と言ってもロバート・「マック」・ブラウン中佐。皆さんの物語を私が正しく伝えられたことを祈るのみだ。

この本の執筆を支えつづけてくれた家族にも感謝を。スティフ、カーステン、ジェイミソン、そしてマディソンへ。

ゲイリー・ウィッツェル
アリゾナ州フェニックスにて

※本文中の注は（ ）と［ ］が原注で、〔 〕が訳注を表す。

本書で頻出するアルファベット略語
ASOC：航空支援統制センター
ATO：航空任務命令
ANA：アフガニスタン陸軍
AEW：海外派遣航空団
CAS：近接航空支援
CAOC：統合航空作戦指揮所
CSAR：戦闘間捜索救難
DASC：直接航空支援センター
EFS：海外派遣戦闘飛行隊
FG：戦闘群
FOB：前方作戦基地
FS：戦闘飛行隊
FW：戦闘航空団
ISAF：国際治安支援部隊
ISR：情報監視偵察
JTAC：統合戦術航空統制官
JOC：統合作戦センター
NTISR：非在来方式情報監視偵察
OEF：不朽の自由作戦
OIF：イラクの自由作戦
SADL：状況把握データリンク
SOF：特殊作戦部隊
TES：試験評価飛行隊
TFS：戦術戦闘飛行隊
TFW：戦術戦闘航空団
TIC：直接交戦中部隊
TOC：戦術作戦センター
UAV：無人航空機
WP：白リン〔ロケット弾〕

編集部註：「ホッグ」とは

A-10の愛称としてメーカーがネーミングしたのは「サンダーボルトII」というものだった。これは第二次大戦中の名機リパブリック P-47 サンダーボルトに由来する。リパブリック社は1965年にフェアチャイルド社に買収され、フェアチャイルド・リパブリックとなった。このフェアチャイルド・リパブリック社がA-10を製造したため、自社製の名機から愛称をとったのである。

本書にも頻出する「ホッグ」という名称だが、これはパイロットなどの間で自然発生したA-10の愛称である「ウォートホッグ（イボイノシシ）」に由来するもの。この呼び方は正式な名称ではなくあくまであだ名だが、現在A-10はこちらの名でも広く一般に知られている。

第1章

最高のものをさらに良く

MAKING THE BEST EVEN BETTER

A-10AサンダーボルトIIは時代から取り残されていた。先端技術を知ることなく、「ホッグ」は2018年に「砂漠の嵐作戦」終了時の仕様のまま退役する予定だった。本機の最後となるはずの本格的アップグレードは低空安全・目標標定能力強化（LASTE）だったが、これは1991年にサウジアラビアから帰還した際に導入された。それ以後、A-10の本格的アップグレード計画はなかった。米空軍が「砂漠の嵐」作戦で示された以上の技術的進歩を追求する一方で、A-10がその恩恵にあずかることはないはずだった。

LASTEの導入以前、A-10の目標ピンポイント攻撃能力は完全にパイロットの腕次第だったとジェイムズ・マークス中佐は説明してくれた。

「A-10Aをヨーロッパで飛ばしていた1980年代の頃は、機体に搭載されていた昔の慣性航法システム［INS］がズレがちだったんで、目標の3km以内に近づけたらラッキーでしたよ。時計、地図、地面と確かめながら上手く飛べるようになったらA-10パイロットとして一人前なんです。地形を覚えていれば、INSを参考にして目標に近づけます。あれは野球場には連れてってくれますが、本塁までは無理でした。ですから道路や山や谷をしっかり頭に叩き込まなきゃなりませんでした。INSは爆撃に行くのには多少役に立ちますが、コンピューター化された爆撃照準器じゃありません。HUD［ヘッドアップディスプレイ］の『デス・ドット』が事をすっかり簡単にしてくれて、A-10はやっと精密兵器になりました」

LASTE改修は成功だったものの、さらに10年間現役を務めるため、A-10にはそれ以上のアップグレードが必要になった。「砂漠の嵐」作戦から6年後の1997年、最初の近代化改修が提案され、ロッキード・マーティンが主契約者兼システム総合開発者として契約を締結した。2001年に同社は新たな契約を獲得したが、今度の業務は精密交戦（PE）改修のための技術生産開発で、これが最終的にA-10Cの誕生につながった。

PE計画によるA-10の改修点は多岐にわたった。赤外線方式のAGM-65Dマヴェリックミサイル用の単画面テレビモニターは撤去され、代わりに2台の5×5インチカラー多機能ディスプレイが設置された。HOTAS（スロットル操縦桿常時把握操縦方式）、新型コンピューター、改良型電力システム、ミル規格1760型データバスなどの追加により、GPS誘導式の統合直撃弾薬（JDAM《ジェイダム》）が新たに運用可能になった。現世代型の照準ポッドとデータリンク装置が搭載されたPE改修後のA-10は、米空軍が一度も望まなかったにもかかわらず、最も技術的に高度な空軍機になることとなった。

最初にA-10Cに改修された「ホッグ」はエグリン空軍基地の第40試験飛行隊の81-0989だった。本機は2005年1月20日にフロリダ州の同基地から初飛行した。写真は2009年初め、根拠地から遠く離れたネリス空軍基地での撮影。
(Gary Wetzel)

2006年2月9日、システムの初期試験飛行のためネリス空軍基地を発進する最初のPE改修済みA-10の1機、第422TESの79-0169。(Gary Wetzel)

しかし1995年に基地再調整閉鎖法（BRAC）委員会がマクレラン空軍基地とそのサクラメント航空兵站管理センターの閉鎖を決定したため、PE計画は中止寸前に追い込まれた。本機のシステム計画部（SPO）はその就役年の1976年からマクレラン空軍基地を拠点にしており、アップグレード作業と機体の稼働状態維持に不可欠な専門技術班（主に民間人）は以来25年間そこで活動していた。2001年にマクレラン基地が閉鎖されると、A-10のSPOはユタ州のヒル空軍基地へ移されたが、専門技術班はそうならなかった。このためPE計画の推進においてノウハウの真空状態がたちまち発生してしまった。

ヒル空軍基地の有り様とPE計画の進捗の遅さに業を煮やした空軍予備役部隊と州兵空軍はA-10A+計画を立ち上げ、A型とC型との隔たりを埋めようと図った。本計画はこのアップグレードには必要性があり、予算的にも見合うと想定していた。構想の実証作業は2002年に開始され、A-10をイラクでの戦闘作戦の基本計画に入れ込むために推進された。この計画の最大の目標は本機に照準ポッドを装備することだった。このシステムがあればパイロットは双眼鏡使用の肉眼にも勝る目標捜索能力を得られるはずだった。コネティカット州兵空軍第103戦闘航空団（FW）／第118戦闘飛行隊（FS）とマサチューセッツ州兵空軍第104FW／第131FSの二つの部隊が、それぞれA-10Aに照準ポッドを装備するためのテスト飛行に取り組んだ。

照準ポッド――本計画ではAN/AAQ-28ライトニングII――を組み込むためのカギが、A-10の適合用インターフェースモジュール（AIM）だった。A-10A+計画に携さわったトーマス・マクナーリン少佐がその経緯を説明してくれた。

「州兵空軍がA-10へのポッド取り付けを急いでいたのは、早くイラク西部でA-10を使えるようにしたかったからです。AIMにポッドを取り付けてケーブルを数本つなげば、機体は自分がまだマヴェリックミサイルと話していると思い、ポッドは自分がF-16ブロック30と話していると思うわけです。ケーブルを通じて航法計算値がやり取りされ、自分が空間内のどこにいるのかをポッドが算定し、座標をはじき出します」

「この段階でロッキード・マーティンがポッドを組み込むにはA-10Cを作るしかないと言い出したんですが、州兵／予備役試験センターは『え、本当ですか』と言うばかりでした。試験センターは話をノースロップ・グラマンに持っていき、センターと同社の技術者が段取りをまとめました。目鼻がついてきたところで、航空戦闘コマンド［ACC］が通常の管轄手続きをやめ、機体に新機能を加える改修をして配備することにしました。これはしょせん先の長くない飛行機の暫定的な改造のはずでした。実を言えば技術デモンストレーターが実戦に行くことになってしまったんです。州兵空軍と予備役が求めてたのは、A-10Cを待たずにAIMに照準ポッド運用能力を与えるための長期的な解決策でした」

州兵空軍と空軍予備役部隊のA-10A+計画が動き始めると、ロッキード・マーティンは本計画への協力要請を無視するようになった。TRW航空システムとの協力調整もロッキード・マーティンからの圧力でご破算にされた。A+計画の次点の候補企業だっ

A-10Aのコクピット。右上のモニターテレビが目立つが、それ以外のダイヤルや計器類はいかにも1970年代初期の軍用機らしい。（USAF）

A型「ホッグ」のコクピットとは対照的に、A-10Cのコクピット機器は多数のアップデートが施され、機体の操作方法が根底から変わった。赤外線式AGM-65Dマヴェリックミサイル用の単画面モニターテレビは、2台の5×5インチ多機能カラーディスプレイに改められた。これが計器盤ではもっとも目立つが、新型の操縦桿グリップと右手用スロットルにより完全なスロットル操縦桿常時把握操縦方式（HOTAS）で各種システムと照準ポッドが操作可能になった。（USAF）

たインディアナポリスのレイセオン社の技術者が州兵空軍と空軍予備役部隊に全面協力し、A-10への照準ポッド搭載を実現させた。コクピットに移動式地図ディスプレイが追加され、マヴェリックのテレビモニターは照準ポッドが撮影する画像を映し出す高性能ディスプレイに交換された。システム変更用のソフトウェアはA-10の作戦飛行プログラム（OFP）の外にあり、独立していたため、ホッグのOFPに悪影響を与えることなく1週間に4回にも及んだソフトウェアのアップデートに対応できた。

A-10A+の初飛行から実戦配備までは1年少々しかかからず、飛行テストの大半はアリゾナ州トゥーソンの州兵空軍／空軍予備役部隊コマンド試験センター（AATC）で実施された。AATCが使用したA-10はバークスデール空軍基地の予備役部隊、第47FS〔戦闘飛行隊〕からの貸出し機だった。AATCで3機の「ホッグ」が使用されることもあったが、大部分のテストは2機だけで実施された。AATCのA-10は改造が日常茶飯事だったため、「フランケンホッグ」と呼ばれた。

A-10CのPE計画はA-10A+の配備と並行して進められていたが、やがて規模が「ホッグ」全機へ拡大されることとなり、州兵空軍と空軍予備役部隊は手持ち機の戦闘能力をできるかぎり速やかに改良しようと努力していたとマクナーリン少佐は語った。

「最初にA-10A+を受領したのはアイダホ州兵空軍のボイシ基地、ペンシルヴァニア州兵空軍のウィローグローヴ基地、空軍予備役のバークスデール空軍基地のA-10部隊でした。州軍と予備役のA-10の半分がC型改修対象機としてアップグレードの第一陣に指定されました。残りの半分は改修待ちの列の最後尾に回されることになったんで、私たちはC型改修が最後になる機体を選んでA-10A+の列の一番前に送り込みました。こうすれば州軍と予備役は飛行性能と戦闘能力の主要アップグレードのほとんどを手に入れられます。完全なC型の作戦能力はないにしても、A-10全機の性能が底上げされます」

「2007年の夏、ペンシルヴァニアとアイダホの州兵空軍部隊がイラクに派遣され、A+やC型が初めて戦闘展開しました。翌年には3個のA-10A+部隊がアフガニスタン展開のために編成されましたが、それには最終アップグレードを終えたホワイトマン空軍基地のA+型も含まれていました。この機には新型システムが取り込む情報を統合するフル規格のHUD用作戦ソフトウェアテープが実装されていました。その頃A-10A+はC型が導入していたアップグレードの大部分を備えていましたが、A-10CにはあったJDAM運用用のデジタル兵装管理システムがありませんでした。この短所は納得した上のものです。経済的に事を進めると最初に武装を増やす余裕はありませんが、そっちを先にすると費用はたちまちうなぎ上りです」

「私たちはコンピューターを3台増設し、パイロット用の状況把握［SA］機能をふんだんに盛り込みました。3種類のフル規格作戦ソフトウェアテープを開発し、102機のA-10をたった1,800万ドルでアップグレードしたんです。この金額は開発費とインストール費、さらに契約兵站支援費の全額がすべて込みです」

計画での諸問題

PROGRAMME PROBLEMS

　こうしてA-10A+アップグレード機は州兵空軍と空軍予備役部隊で急速に数を増やしていったが、A-10CのPE計画は期待に反して順調に捗らなかった。ヒル空軍基地の力量不足が計画の足を引っ張っていたのは確かだが、ロッキード・マーティンのビジネス姿勢もメーカー自身の都合最優先以外の何物でもなかった。C型の実戦適合性をテストしていたのはネリス空軍基地の第422試験評価飛行隊（TES）だったが、これはACCの部隊だったため、計画の管理方法を変更できなかった。その状況が変わったのは2005年にライトパターソン空軍基地で空軍物資コマンド（AFMC）の幹部会議が開かれ、AFMCが本計画を主導すると宣言した時だった。すでにA-10A+がA-10Cより高性能になる可能性はなかった。その直後にC型への初期要求が改正され、ライトパターソンが全面的に本計画の推進役となった。

「ライトパターソンの幹部士官たちから何が必要なのか言うよう指示されました。それからライトパターソンが資金を調達してきて計画が回り始めました」と第422飛行隊のPE計画監理者だったドリュー・イングリッシュ少佐は語った。「ところがあの会社の対応は最悪でした。ロッキード・マーティンへ打ち合せに行っては連中が提案するアップデートに対して『違う、欲しいのはそういうのじゃない』って言ってばかりでした。連中の返事は『ですがね、ソフトウェアはもう出来あがってるんで、手直しとなると追加費用が発生しますよ』でした。それでライトパターソンに帰って、予算の増額をお願いました。これが1年ぐらいつづき、最後に私たちは言いました。『バカバカしい！　こんなことをやってたって無意味だ。なんでパイロットと技術者が毎日は無理でも、毎週会って話し合えないんだ？』。私たちが欲しかったのは連続的なインプット機能で、それがあればアップグレード用ソフトウェアの設計は大体同じようなものになるはずでした」

「事が最終的に何とかなったのは、状況データリンク［SADL］がリリースされたからです。ロッキード・マーティンはこのコンセプトと方式に賛同し、自社の技術者を私たちと仲直りさせて状況を変えるというホームランをかっ飛ばしました。その後一連のアップグレードを私たちが毎年リリースできるようになったのは、この協力関係と迅速なアップデート体制のおかげに他なりません。まもなく兵装関係のアップグレードなら、私たちはACCの誰よりも上手く出来るようになりました。『ホッグ』は戦闘空軍〔現役／予備役空軍と州兵空軍のすべて〕に一番縁の深い飛行機になりました」

「メリーランド州兵空軍［第175航空団］が最初にC型を受領し、ミシガン州兵空軍のバトルクリーク基地［第110航空団］がつづきました。初号機は2006年8月に引き渡されました。1年後、両部隊はイラクに展開することになりましたが、まだやるべき仕事が残ってました。私たちはロッキード・マーティンに行き、展開できるようにするには二つのものが必要だと言いました。A-10同士が照準情報をやり取りできる完全統合されたデータリンクとJDAMです。後者の機能はC型の第1次調達分には予定されてな

2008年10月18日、「レッドフラッグ07-1」演習中、スナイパー照準ポッドを装備してネリス空軍基地の滑走路へタキシングするA-10C 、78-0704。所属はメリーランド州兵空軍第175FWで、この部隊はアップグレードされたA-10を最初に受領した二つの州兵部隊のひとつである。本機は第422TESがC型のテストをできるだけ速やかに行なうために使用した機体の1機。（Gary Wetzel）

かったんで、彼らは私たちがおかしくなったと思ったみたいでした。幸い2007年春に第422TESに配備された時、SADLは完璧に作動しました。A-10Cからの初のJDAM投下――私がこの兵器を使用する最初の『ホッグ』パイロットになれたのは幸運でした――は2007年6月で、A-10Cによるイラクでの実戦初の投下は3ヵ月後でした」

「本機のJDAM運用用ソフトウェアの開発は簡単ではありませんでした。実際本当に大変だったんです。たちまちOIF［イラクの自由作戦］とOEFの御用達兵器になったものの、開発はA-10C初の海外展開の前に終わらせなくてはなりませんでした。当時もうヒル空軍基地からメリーランド州兵空軍の機が来てましたが、インストール直後のソフトウェアではまだそれができなかったんで、その機は実戦に使えませんでした。運用試験機につづいて州軍機が改修ラインからネリスやエグリンにやって来ました。結局、私たちは使えない改修済み州軍機を5機も持てあます状況になってしまいました。そんな機をどうしろっていうんです？　本当の話、メリーランド州兵空軍の整備士官だったケヴィン・キャンベル中佐がバーの紙ナプキンに計画を書き上げ、この5機をネリスに持っていって第422飛行隊に移籍させ、そこに州軍の分遣隊を出して私たちのテストを支援させるよう空軍を説得したんです。これで州軍パイロットにテストの確認をしてもらえるようになり、彼らはA-10Cの飛行テストを私たちと一緒にしたんです」

　駐機場にA-10Cが一杯でも、米空軍の現役部隊には整備員を増員してこれらの「ホッグ」により多くのソーティを飛ばさせる気がなかったため、整備の問題は依然として解決が必要だった。そのため州兵空軍の専門家に計画を進めさせることになり、その結果第175戦闘航空団のテリー・アレン上級曹長がメンテナンス担当責任者となった。彼の専門技術がなければ遅延はもっとひどかっただろう。キャンベル中佐は実際にネリスへ1年間転出し、計画が順調に進捗するよう監督した。

「ボルティモアとバトルクリークの2部隊が実戦使用可能になったA-10Cの主な配備先でした」とイングリッシュ少佐は語った。「でもすぐにあちこちから救いの手が来たんです。突然、私たちは武器学校より多くのソーティを実施できるようになりました。C型のテストにはある時から13機使えるようになり、約1年にわたって『フォー・フォーズ』［1日に4機のフライトを4回すること］を実施しました。その後、計画中に私は空軍予備役所属になりましたが、相変わらず第422飛行隊で働いてました」

「ある時テスト飛行のため、キャンベル中佐と一緒に駐機場へ向かいました。彼はもちろん州軍所属で、武器学校の教官パイロット［IP］でした。私たちは学校のIPをテスト担当要員として選抜し、うちの機を飛ばせるようにしてたんです。州軍パイロットはもう一人いました。そのフライトには第422飛行隊の現役空軍パイロットは一人もいませんでした。私たちは第422飛行隊長から任務ブリーフィングを受けましたが、彼はテストパイロットでない人間がA-10Cの実証飛行をすることを全然気にしてませんでし

た。計画は全隊協力体制で進められました。第422飛行隊内で意見がすいすい通ったおかげで計画は50％は加速されましたね」

「JDAMは間違いなく私たちの最大の課題でした。しかも戦地で緊急に求められていたので性能試験スケジュールの上位になってました。JDAMには問題がふたつありました。第一は1760型データバスのリンクを爆弾に接続するコネクターに付く赤いプラスチック製リングでした。A-10CからJDAMを投下できるようにするには、この赤いプラ製のリングが不可欠でした。計画を急いだためロッキード・マーティンがこの赤いプラ製リングを忘れてしまったんです。たった1ドルしかしないのに、この部品がないとJDAMを1発も落とせません。計画全体が滞ってしまったので、またしても州軍のコネを頼って切り抜けました。もう何年もJDAMを使ってる州兵空軍のF-16部隊にすぐ電話したところ、数日であちこちから赤いプラ製リングの入った箱がたくさん届きました。今なら赤いプラ製リングの問題は下らなく思えるでしょうが、A-10Cのテスト計画が中断寸前になったんです」

「JDAMの第二の問題は、爆弾が機体からうまく分離しないというか、投下した爆弾の4発に1発が目標に命中しないことでした。私たちはJDAMの訓練弾を投下してましたが、これはJDAMの実弾でもまともに当たらなかったからです。訓練弾だと標的から200m以上外れると、運よく射爆場から土煙でも上がらないかぎり、どこに落ちたのか見当がつきません。どうして爆弾が機体から分離しないことが多いのか解明しようと情報を懸命に分析しました。技術者たちとあれこれと悩んだのは延々3週間ぐらいでしょうか。何度探してもまったく共通する条件が見つからないので、もう少しで皆諦めるところでした。その後ボーイングの技術者たちがロッキード・マーティンの技術者たちと話し合い、爆弾が飛行機から転送された数字とは違う桁数に切り上げた数字で計算していたことを見つけ出したんです」

「JDAMの作動方式は、まず機体のピックル［爆弾投下］ボタンが押されるとGPS座標セットが爆弾に送られ、それからその座標が機体側に戻されて、数字が比較されます。もしこれらが一致しないとJDAMはA-10から分離しません。技術者がこれを直し、やっとJDAMが実戦で確実に使える状態になりました」

これより数年前、「ホッグ」パイロットが最初に夜間暗視ゴーグル（NVG）を導入した際、戦術と戦法の開発はネリスの第66武器飛行隊（WPS）――A-10の武器学校である部隊――が主導する予定だったが、実現しなかった。その結果、前線部隊の夜間活動能力に悪影響が出たのだった。A-10Cの導入ではその二の舞を絶対に避けるため、ACCは第66WPSにアップデート型「ホッグ」を最初に受領させた。これにより同部隊は戦術開発に当たることでPE計画全体の進展に貢献し、さらに武器学校を修了した士官もC型の専門家として戦術の開発に当たれた。もちろんこの「新型機」には初期問題もあったが、最終結果としてPE改修により作戦能力が向上したおかげでA-10全部隊の戦闘能力が向上したのだった。

ドイツの森を目標への航法に使える目印を探しながら飛びまわっていた日々から20年近くのち、マークス中佐はA-10A+とともにアフガニスタンに展開し、アイダホ州兵空軍を支援した。「2008年にあそこにいた時は一度も地図を広げませんでした」と彼は言った。「紙の地図は1枚もね。これまで長年A-10Aパイロットをやってきましたが、こりゃ驚きですよ。移動式地図はもう最高です」。技術的に言えば、A-10はやっと1990年代レベルに達しただけだった。

ネリス空軍基地へ帰還してきたミシガン州兵空軍第110FW所属のA-10C、79-0640。2007年2月12日。本機はPE改修の実証試験中、同州兵空軍に所属していたが、ACCの第422TESに「寄贈」されたため、前線向け新型装備の検証テストに頻繁に使用され、ほかの改修機にように飛ぶ予定もなくミシガンの駐機場で漫然と過ごすことはなかった。(Gary Wetzel)

第2章

戦場の「C型《チャーリー》」

'CHARLIE' IN COMBAT

2007年10月末、スティーヴン・オットー中佐はイラクのアル・アサド空軍基地に輸送機から降り立った。彼はバトルクリーク州兵空軍基地を根拠地とするミシガン州兵空軍第110戦闘航空団／第172戦闘飛行隊の先遣梯隊（ADVON）チームの一員だった。第172FSのパイロット、整備員、支援要員の大部分はその後数週間をかけて到着し、メリーランド州兵空軍第175FW／第104FSと交代する予定だった。メリーランド州軍部隊は両飛行隊の所属機を装備して9月からイラクに展開しており、A-10Cを最初に装備した実戦部隊となる第104海外派遣戦闘飛行隊（EFS）を形成していた。オットー中佐は数少ないパイロット兼整備員のひとりで、バトルクリーク基地のパイロットたちが作戦を円滑に引き継げるよう下準備のため先遣され、イラクで4ヵ月間メリーランド州兵空軍と共同で任務に当たることになっていた。

第172FSは新型のA-10Cを受領した二番目の飛行隊だったが、その新型機へのパイロットの転換訓練は従来確立されていた訓練手順とは異なっていたとオットー中佐は語ってくれた。

「私たちの行なった方式はそれまでの転換訓練とは違っていました。その最大の理由は当時の部隊の練度で、私たちは当時、飛行時間の長いA-10飛行隊だったからです。最初に行なったのはA-10Cのコクピットの新たな『スイッチ学《スイッチヨロジー》』のスピードに全員がついていけるようにすることでした。必修の座学講習が全部終わると、訓練生は腕の確かなIP〔教官パイロット〕と一度飛ぶことになってました。私たちは『各自を信頼する』方針だったので、IPから合格とされたパイロットは『仮免許』をもらって、大枠をお膳立てされたソーティで飛行中学習を開始できるようになります。取り組む課題は各人それぞれです。単機で発進し、私たちが『ホッグ』用に編み出した一般作戦手順――目標の捜索と識別、JDAMの目標確立など――をすることもよくありました。基本的に各自に自分で課題を解決させるようにしていました」

バグラーム空軍基地でA-10C、80-0255の前でポーズをとる第172EFSの隊員たち。この部隊には第104FSの隊員が1名配属されていたが、彼は所属部隊がイラクのアル・アサドから撤収したのちも同部隊とともに留まった。ネリスを根拠地とする第422TESからも兵器担当士官1名とパイロット1名がアフガニスタンで第172飛行隊に配属されていたが、両名は先のA-10Cテスト計画の関係者だった。(Mike Lowe)

計画の変更
CHANGE IN PLANS

2007年11月2日、ミズーリ州兵空軍第131FWのあるF-15Cイーグルが訓練飛行中に文字どおり真っぷたつに空中分解した。直ちに米空軍はアフガニスタンで作戦任務を実施していたF-15Eストライクイーグルを含む全イーグル部隊を飛行停止にした。カブール北方のバグラーム空軍基地にいた機体は待機を命じられ、緊急時に米軍や多国籍軍の部隊を掩護するためのみ飛行が認められた。これにより戦地に入念に設定されていた防御のための近接航空支援（CAS）の傘に大きな穴が開いてしまった。アフガニスタンにいた最後のA-10部隊がバグラームを去ったのはF-15の事故の少し前で、その交代部隊は存在しなかった。2007年秋、部隊の増派が全力で進められていたイラクには航空支援部隊が喫緊に必要であると国防総省は結論した。しかしF-15の抱える機体構造上の問題が深刻だったため、その決定は実行不可能になり、州兵空軍のA-10C部隊がイラクからアフガニスタンに移動されるこ

メリーランド州兵空軍から第172EFSへ提供された5機のうちの2機が、アフガニスタン北部で給油機から離れていく。美しいアフガンの冬景色が眼下に広がっている。この戦域では春が来て気候が穏やかになるまで、戦闘の激しさが和らぐのが普通だった。しかし2007～08年の冬の全期間、予想に反し第172EFSは多数のCAS任務を連続実施することになった。（Mike Lowe）

とになった。バグラームは再びOEFでA-10の根拠地になったとオットー中佐は語ってくれた。
「移動のことを知ったのは任地変更の36時間前です。よくある『これからどうなる？』と思う瞬間でした。荷ほどきしたばかりの荷物を全部また荷造りし直し、この問題に取りかかりました。これから何をするんだと考える時間は全然なくって、やらなきゃならないことをやるだけの感じでした。ボルティモア〔メリーランド州〕の人たちにはとてもお世話になりました。事実、アル・アサドからバグラームへA-10を実際に飛ばしてくれたのは彼らで、おかげでうちのパイロットは休みが取れ、後日アフガニスタンに着いてからすぐに戦闘任務でその機を飛ばせるようになりました」

その頃にはミシガン州兵空軍の人員の大部分はアル・アサドに到着しており、彼らはそれから2ヵ月間そこに滞在するはずだった。荷ほどきはしないで下さいと彼らは丁重に告げられた。しかしカタールのアル・ウデイド空軍基地からイラクへ向かう輸送機の最終便は遅れた。結局その機は出発せず、パイロットと整備員数名がアフガニスタンへ直行できずに数日間取り残された。彼らがアル・アサドを目にすることはとうとうなかった。イラク展開のための数ヵ月にわたる準備の末にこの突然の変更が起こり、案の定問題が起こった。以下はエリック・ホワイト大尉の回想である。
「第一に私たちは冬季装備を全部ミシガンに置いてきてました。私のは文字どおりデスクの下のバッグのなかでした！　これから必要になるので、アル・ウデイドを出発する前に冬季装備品を出来るだけたくさん買い込みました」

2007年11月12日深夜、第172EFSの第一陣がバグラームに着陸した。彼らはどうにか短時間の睡眠をとり、翌朝自分たちで作戦を組み立てるという任務に直面した。その新たな「根拠地」はある1棟の使われていない建物だった。2002年3月に到着した第74EFSのA-10A以来、バグラームには米空軍の戦闘用航空機がずっと駐留していたが、ホワイト大尉には基地の有り様は6年前と大して変わっていないように思えたという。
「バグラームはソ連軍の古い基地で、いかにもそんな感じでした。バグラームに着くまで自分が『イラクにいたい』なんて言うとは一度も思いませんでした。着いてから本当にイラクにいたかったと思いましたよ！」

2003年に第172EFSはOIF〔イラクの自由作戦〕のために展開したが、その経験は部隊に自給自足の面で大きな変化をもたらした。オットー中佐は語っている。
「幸い以前の経験から私たちは荷物をどっさり持ち込んでました。自給自足が大事なことは前々から知ってたんで、前回のOIFの時もこれでもかと荷物を持ち込みました。『現地に行けば必要なものは全部揃ってるだろ』と他の人が全員請け合ってくれても、いつも大丈夫とは限りません。丁寧に『いえいえ』と返事をしておいて、万一のために予備のコンピューターや無線機なんかの一切合財を持って行くんです。バグラームで自分たちのする仕事がわかった時、そのおかげですぐ好い目を見ました。私たちは自分で独立運用型の任務計画立案班を設置できましたが、よその部署に電線を1本も引かなくてすんだのは、自前のプリンターで書類を作成し、自前のAN/PRC-117無線機があったからです。うちの部隊が早々に成果を上げるのに不可欠だったのがこの無線機の大型アンテナで、バグラームに飛行機が着陸してから24時間以内に飛行任務を開始できました」
「ホッグ」が飛べるようになると同部隊最大の任務は作戦ビルの工事になった。間仕切り壁が作られ、床材が敷かれ、イラクで実施していた作戦がアフガニスタン用に手直しされた。アフガニスタンの地図が調達またはプリントされ、状況報告は更新され、OIF用の特別指示（SPINS）はOEFに使えるものに差し替えられた。幸い州軍部隊の常で、ほとんどの飛行隊員には日々の生活のための「本業」があった。そのため建築業者や電気設備業者でもある隊員たちが、たちまちしっかりした施設を作り上げられたのだった。しかしそれは容易ではなかった。バグラームのほかの部隊とのバーター取引きは日常茶飯事で、それにはインターネット配線対応仕様のビニール製床材の調達なども含まれていた。官僚組織の常でよく手伝ってくれる部隊とくれない部隊があり、バグラームもその例外ではなかった。それでも第172EFSは統合航空作戦指揮所（CAOC）の予想よりもずっと早く立ち上がり、活動を開始した。CAOCはアフガニスタンにおける航空作戦の中枢神経だった。

第172EFSの人員の大半はバグラームに来たのが初めてだったが、ただ一人パイロットのマイク・ロウ少佐だけはかつて米海兵隊のF/A-18Cホーネットでこの基地を爆撃したことがあった。その後、第1空母航空団のVMFA-251「サンダーボルツ」に転属したロウは、OEFの初期に空母USSセオドア・ルーズヴェルト（CVN-71）の飛行甲板から何度も出撃していた。彼はこう語ってくれた。
「うちの航空団がOEFに参加し始めたのは作戦開始の翌週の2001年10月で、それから6ヵ月間戦いました。毎日のように迫撃砲掩蔽壕やタリバン陣地を攻撃してくれと要請してくる北部同盟やSOF［特殊作戦部隊］チームが南進していくのを見て胸を躍らせました。初めてバグラームに降り立った時、辺りを見回すと、そこに爆弾を落としたパイロットは誰で、あそこは誰と言える自分が結構カッコよく思えました」

現地に到着してから1週間あまりが過ぎた11月25日、ロウ少佐と彼の僚機、ダン・ドラッグ大尉は、アフガニスタン中部のウルズガン州でコンボイを援護するためバグラームを離陸した。彼らは下方監視にあたっていた2機の「ホッグ」と交代することになっていた。そのコンボイは付近の前方作戦基地（FOB）へ後退中で、道路のカーブ部へ近づいていた。コンボイの人員との通信で、彼らがその地点に待ち伏せている敵がいるのではと心配しているのがわかったとロウ少佐は語った。
「私はルートをライトニングポッドで走査していきました。道の片側には小川があり、反対側は険しい山地でした。車列がポッドの視野を進んでいくのを見ていたところ、川の対岸からの銃口炎とRPGの飛翔炎を発見しました。JTAC［統合戦術航空統制官］からすぐに通信が入り、『攻撃を受く、攻撃を受く』と無線で叫んでいました。さらに迫撃砲が発射されました。彼は私に待機を命じ、9点状況説明［JTACがパイロットに与える近接航空支援のための定型指示］をしようとしましたが、私はそれをさえぎり、川南のやつらは30秒以内に30㎜でやれますと言いました。彼は了解し、すぐさま私に『戦闘を許可《ホット》』と告げました。私は東から回り込みました。ドラッグ大尉と私は友軍から約150mの距離に地上掃射航過をそれぞれ3回仕掛け、タリバンを牽制しました。

午後遅くのソーティのため、バグラーム空軍基地の駐機場からタキシングに向かう第172EFSのマイク・ロウ少佐。かつて米海兵隊でF/A-18ホーネットを操縦していたロウ少佐は2007～08年に最初のバグラーム勤務に就いていた。飛行停止になったF-15E部隊をA-10部隊が代替することになったため、JTACたちは以前のストライクイーグルの時とは呼び出し方法を改めなくてはならなくなった。ロウ少佐はこう語っている。「私たちがF-15Eより早く対応できることがJTACたちにもすぐにわかりました。まもなく彼らからA-10の要求が来るようになりましたが、TIC状況に飛行機を割り振るCAOCの手続きの都合上、ひと捻りする必要がありました。A-10の支援を確実に受けるため、JTACたちは武器要求に30㎜砲をリクエストするようになり、SOFの場合は大体要求どおりになりました」
(Mike Lowe)

待ち伏せ攻撃が始まった時、あと10分で燃料補給に向かうところでした。攻撃は私たちにとって最悪のタイミングで始まりました」

「待ち伏せされたコンボイはまもなく散開し、車両が道路沿いに分散しました。友軍はFOBから自前の迫撃砲を持ってきてタリバンを射撃しようとしてました。A-10Cに乗ってはいましたが、迫撃砲チームを撃たないようにするのにグリッド線が必要だったんで、実際に地図を広げなきゃなりませんでした。道路沿いの山からコンボイに向かって狙撃兵の銃撃が始まりました。私たちは狙撃兵の位置特定に成功し、JTACから攻撃を許可されると、その陣地に航過を1回ずつ仕掛け、脅威を排除しました」

「JTACは膠着状態を打開するため、迫撃砲の脅威を退けようとしてました。砲撃は川のもっと向こう側にあった複合家屋から来てました。アフガニスタンは全国各地に土でできた小さな複合式の家屋が文字どおり何百万とあるんです。で、JTACは迫撃砲が設置されている特定の複合家屋のことを私たちに説明しようとしたんです。『畜生、これじゃ埒があかん』と思いました。私は彼らが言おうとしているらしい複合家屋に目星をつけると、WP［白リン］ロケット弾を1発投下することにしました。そうすればJTACが私の照準点から修正を指示できます。ロケット弾は主翼にボルト止めされてるだけなんで、ひどく不正確で、機関砲のようにちゃんと当たらないんです。まったく精密な兵器じゃありません。何とかその1発は私が狙ったとおりのところに命中し、そこがJTACの言ってた場所だったんです。複合家屋を射撃したところ、状況は直ちに沈静化しました」

「この時点で給油機に行かなければならなくなりました。幸い僚機が給油機にコースから離れてこっちの上空で落ち合うよう話をつけてくれてました。KC-135に向かう準備ができたところ、また待ち伏せ攻撃が始まりました。まだ30㎜弾が3航過分は残ってたんで、することにしました。それで燃料がギリになってしまったんで、ドラッグ大尉には『給油機をこっちへ呼んでくれるなんて、本当に君は気がきくよ』とひたすら感謝しました。私たちは給油を済ませ、ようやくコンボイとの通信も終了し、彼らが無事FOBへ帰るまで下方監視をしました」

2007年11月25日（編集部註：原書ママ）、アフガニスタン中部ウルズガン州での内容の濃い任務から帰還後、A-10C、78-0705の前でカメラに収まるダン・ドラッグ大尉とマイク・ロウ少佐。二人が手にしているのはA-10から取り出された直後の30㎜砲弾の空薬莢。機首が機関砲の煤で汚れている。ロウ少佐は1,150発のほぼ全弾を発射していた。（Mike Lowe）

マール・カルダード作戦

MAR KARDAD

12月7日に「マール・カルダード（蛇の巣）」作戦が開始され、その後これが有名なムサカラの戦いへ発展した。ムサカラはヘルマンド州北部に位置する人口18,000人ほどの町である。2006年末に国際治安支援部隊（ISAF《アイサフ》）が撤退すると、タリバンがムサカラを掌握した。翌年12月にはタリバンの支配する最大の市街地となった。

マール・カルダード作戦を主導したのはイギリス軍だった。この作戦はアフガニスタン陸軍（ANA）部隊が主力戦闘部隊を形成し、先導部隊を務めた最初の戦闘となった。しかしマール・カルダードを実際に主導しているのがANAであるという建前はすぐに崩れ、ISAF部隊がこの作戦の主体であることが露呈した。ムサカラの奪還は、その後数年間ISAFの作戦活動の主目的となるヘルマンド州の戦いという観点から見れば、ささやかな勝利だった。その結果ここがA-10の活動の中心地域となった。

ムサカラ戦当時、エリック・ホワイト大尉はANAとISAFの部隊ために多数の支援ソーティを実施した。

「私が初めてイギリス軍部隊と協同した作戦では、彼らは見えない位置の陣地から巧みに銃撃されていました。兵士たちはある枯れ川の片側にいて、それに沿って移動しようとしてましたが、釘づけにされてました。上空に到着した私たちはライトニングポッドで索敵を開始し、銃撃の出所を発見しようとしましたが、何も見つかりませんでした。僚機と私はもっとよく見るため高度を落とすことにしました。その低空航過で銃撃の出所が見つかりました。タリバンは塹壕に隠れてたんです。航過しながら私は目標指示器［TD］をHUDに呼び出して、それをマークしました。C型ではTDが空間安定型なので、GPS座標をそこから取れるんです。これで目標が確定できたので、上昇旋回してから航過を仕掛け、塹壕内の敵を射撃しました」

「その午後遅くにもう一つ忘れられない戦闘があって、夕方までつづきました。そのあいだ私たちは二つの部隊を支援しました。最初の部隊は米軍の工兵隊で、架橋しようとしていたところを土でできた家が並ぶ住宅地の真ん中にあった小屋から銃撃を受けたんです。正確に識別するのが難しそうな標的だったので、ロケット弾を2発発射してJTACが私たちの狙いが正しいことを確認しました。私たちは並んでAGL［対地高度］15mの低空で緩降下射撃に向かいました。2航過し、距離1,200から1,500mで発砲しました。数分後、地上部隊が『情報《インテル》』をパスしてきて、小屋のなかの敵がまだ外の部隊と連絡を取り合ってると言ってきました。私たちはそのまま4,500mまで上昇し、編隊をうまく占位させてから500ポンドGBU-38型JDAMを小屋に1発投下して、そこのタリバンが仲間と連絡できないようにしてやりました。上手くいきましたよ。それから私たちはまた降下し、地上部隊のために『力の誇示』航過〔低空で意図的に轟音を立てる航過。敵を威嚇し、追い散らす効果がある〕をやりました。これは応援的な意味が強かったですね」

「それからまもなく新たな任務を受けて、アフガニスタン中部へ向かいました。その頃にはもう日は暮れていて、私たちが護衛するコンボイにチェックインしました。その編成は先頭にANA車両が2台、真ん中にSOF車両が2、3台、後尾にまたANA車両が2台でした。車列を見下ろしながら前方の道路を監視していると、同じ道路の5～6キロ先に3台の車両を発見しました。その地域に道路はそれ1本しかなく、3台はそこに停まってました。突然2台が別々の方向に飛び出し、3台目が道路をコンボイに向かって急発進しました。その車はコンボイの2キロ以内に近づくと停止して方向転換すると、また来た方向へ走り去りました」

「コンボイの前方にいた車の荷台に乗ってた男が地雷を何個も放るのが見えました。トラックの荷台にしゃがんだ人がタイヤを放り出すような感じです。それと同じ動作でしたが、放ってたのは地雷でした。私たちはそういう情報をすべて地上部隊の指揮官に逐一伝えました。彼らはすぐさま目標を敵性と認定し、私たちに交戦を許可しました。射撃すると、トラックは道路から吹っ飛びました。男が2人飛び出して逃げ始めました。次の航過で1人を

A-10Cを装備した第172EFSが戦場に到着したことで、「ホッグ」はアフガニスタンで初めて500ポンドGBU-38型JDAMが使用可能になった。同飛行隊のスティーヴン・オットー中佐はこう語っている。「驚異的な精密さです。私は爆弾は自分で命中させたいと思う昔気質のA-10乗りでしたが、一発で宗旨変えしました。ある作戦で待ち伏せていた敵を発見して標定し、JDAM投下の許可を受けたんです。ポッドを通してタリバンが機関銃を撃ち始め、攻撃を開始したのが見えました。2秒後、今さっき投下したJDAMでその陣地が吹っ飛びました。本当ですよ。その待ち伏せ部隊はもう脅威じゃなくなりました」（USAF）

任務終了後、アメリカ国旗を掲げるエリック・ホワイト大尉。2008年1月初旬。アフガニスタンでの飛行は地形と気候のために危険なこともあったが、ホワイト大尉によればほかにも問題があったという。「現地の村は峡谷に密集していることが多く、特に北部では冬になるとどこでも毎朝、屋外で焚き火を始めるんで煙の薄い層ができるんです。そのなかを突っ切って山地へ降下しなきゃならなかったんで、私たちはいつも機の移動式地図を使いました。経験したのは2～3回ですが、愉快な体験じゃありませんでした」（Eric White）

やっつけましたが、もう1人は見失いました。それから私たちはもう1度30㎜で車両を攻撃し、また戻って地雷の1個にJDAMを1発投下し、さらに1個を銃撃しました。地上部隊は一番手前の地雷をMk.19自動擲弾銃で攻撃し、やはりこれを爆発させました」

「地雷処理が終わると僚機と私は『ヨーヨー作戦』へ向かいました。彼が給油機へ行っているあいだ私は上空に留まり、コンボイの前方に何もいないか見張ってました。するとさっき銃撃したトラックに積まれていた地雷や爆弾が自然に爆発し始めました。その爆発で谷全体が照らし出され、トラックの残骸から巨大な煙の輪が上がるのが見えました。最初はコンボイがやられたんじゃないかと思いましたが、違いました。地上部隊がトラックの爆発した場所に着いた時、そこにあった一番大きな部品は車軸でした。トラックは木っ端微塵だったそうで、どれだけ大量の弾薬が積まれていたのか見当もつきません。僚機が給油を受けてた時、彼の『6時』ですべてが起こったんで、給油機のブーム操作員が『マジかよ、何だありゃー？』って彼に聞いたそうですよ。笑っちゃいました」

空域の過密

TOO MANY IN THE STACK

アメリカのアフガニスタン軍事介入が規模と範囲の両面で徐々に拡大していくにつれ、同国の領空内で活動する航空機もますます増えていった。その増加分にはプレデターやリーパーなどの無人航空機（UAV）も含まれていた。その操作員の技量レベルは常に懸念事項だった。2008年当時、OEFでのUAV作戦は大規模になっていたものの、特に所定の高度空域に留まる能力についてはまだ発展途上期だった。持ち場の空域に前触れもなく現れたUAVともう少しで衝突・墜落しそうになったあるA-10パイロットはこう語っている。

「そいつにぶつかられたら、こっちは誰もどこだか知らないような場所で脱出しなきゃならないのに、そのプレデター操作員はコーヒーカップを置いたら終わりです！」。

情報監視偵察（ISR）と非在来方式情報監視偵察（NTISR）を実施可能な航空機が増えたためアフガニスタン内外に監視網が確立されたが、戦域内の航空機材が多すぎることはたちまち問題となり、特に夜間が深刻だった。

12月中旬、ロウ少佐とドラッグ大尉はある大規模作戦の一環として夜間ソーティに発進したが、その作戦は対地高度2,500mの雲層に覆われた谷で多数の航空機とヘリコプターが参加するものだった。ロウ少佐はこう語ってくれた。

「AC-130ガンシップの1機が故障で来られなくなってから、たちまち全体の調子が乱れ始めました。天候は不良で、協同作戦をするのにぎりぎりの高度しかありませんでした。ええと、最初いたのは私たちA-10が4機、指揮統制機が1機、UAVが2機、AC-130ガンシップが1機でした。活動可能高度が2,500mしかなかったんで、最初各機は150mの上下間隔で重なってました。これはけっこう窮屈なんですが、夜間にゴーグル使用の協同作戦となると、かなり厳しかったです」

「まったくA-10Cの本領が発揮できる場面でした。全世界の情報把握が可能なSADL〔状況把握データリンク〕を装備していたおかげで、私たちの『ホッグ』は全機がお互いに接続されてて、衝突を避けられました。夜間の目標上空にゴーグル使用の4機の『ホッグ』が集まってて、その上悪天候でもう4～5機も飛行機が上下にいるなんて、まずありません。そうそう体験することじゃないです。航法灯全点灯のAC-130と仕事をしたあの夜は例外中の例外です。普通あの戦術［ガンシップが目標地域を周回しながら強力な火力を発揮する］をする時、私たちは彼らの上空に留まるんですが、あの時は空域にそうするだけの高さの余裕が全然ありませんでした。結局彼らの旋回半径の外を飛ぶことにして、高度は下にしました。私たちがお行儀よく身を引いたおかげで、AC-130の搭乗員は誤射の心配がなくなりました。こんなやり方はどんなマニュアルにも書いてありません」

「私たちはヘリも含めてそこで一番静かな飛行機だったんで、ほかの機の下で周辺を偵察してました。部隊の浸透作戦にあたって

給油のためKC-135に接近するA-10C、78-0717で、2007年のクリスマスから2日後の撮影。本機はメリーランド州兵空軍の所属だったが、第172EFSに配備された。当初イラクに展開する予定だったミシガン州兵空軍の部隊は、代わりにOEFの戦闘作戦を支援することになった。（Mike Lowe）

アフガニスタン北部の山地の上空を飛行するA-10Cのコクピットからの眺め。ヒンドゥークシュ山脈の標高は7,300mを超え、同国の北部と東部は大部分がこうした山地だった。(Eric White)

いるヘリを護衛する準備はできてました。護衛が終わった直後、『C&C』[指揮統制]機が待ち伏せ陣地とおぼしき場所に潜んでいる一団を発見しました。私の照準ポッドはあまりよく見えませんでしたが、例のAC-130が斉射を加えました。あの連中がこの町を通過する予定の味方部隊を攻撃するために待ってたのは確かです。その直後、ガンシップは自分で連中を撃とうとはせず、私たちにコールしてきました。AC-130の攻撃の正確無比さには驚きましたが、撃たせてもらえたのはもっと嬉しかったですね。それからは大忙しです。ほかの『ホッグ』も攻撃航過を開始し、結局味方部隊は後退させられました。目的はその地区の制圧でしたが、全体状況が困難すぎました。すべての目標がDMPI[指定平均弾着点]としてマークされると、ちょっと戸惑うことになりました」

「一番の問題は、使われたIR[赤外線]マーカーの数でした。いろんなUAVとそれ以外の飛行機が自分の攻撃したいDMPIをすべて指示してきたんです。つまり全員がそれを投下して目標をマークし、私たちに射撃しろと言ってきたわけです。さらに困ったことに、私たちに位置を把握させるために地上の友軍兵が全員『ファイアフライ』[IR発光灯]を携行していたおかげで、何もかもがクリスマスツリーみたいにチカチカ輝いてて、目標を識別するのが凄く難しくなってました。結局みんなにIRマーカーは消して、目標を指示するのは1人にしてくれと頼みました。これはその場で下した決定で、それまでこんな状況が起こるなんて思いもしませんでした。でも起こるべくして起こった事態だったのは確かで、射撃航過の前に細心の注意が必要でした」

「私たちはこの谷の高度30mを90分ほど飛びまわりました。高度を保ちながら、どこに自分の僚機がいるのか把握しなければなりません。これはほかの飛行機が射撃している最中に自分勝手に戦ったら、どんなに距離が離れてても足りないからです。空にはいろんな兵器が飛び交ってました。真冬なのに汗だくでしたよ！あんなに苦労した作戦は初めてでした」

味方部隊の掩護
DEFENCE OF FRIENDLY FORCES

　バトルクリークから来たA-10部隊は2008年1月にドイツのシュパングダーレム空軍基地の第81EFSに交代されることになり、引き継ぎを円滑に進めるため同部隊のADVONチームが飛行隊に先行して到着した。新部隊の戦地到着が近づき、例年どおり冬季に戦闘作戦のペースが低下していたにもかかわらず、第172EFSのパイロットたちにはまだなすべき戦闘が残っていた。展開終了のわずか数日前、バトルクリーク所属のパイロット2名が適切な判断により米軍部隊を援護したが、これはOEFの交戦規定（ROE）に違反しており、懲罰を受けるリスクを冒しての作戦行動だった。

　1月4日の午後早く、FOB斥候任務からタガブ地区へ戻る途中の米陸軍SOFの9台編成のコンボイに対して下方監視とISR支援を実施する計画作戦のため、オットー中佐は僚機とともにバグラームを発進した。離陸後、両パイロットは航空支援統制センター（ASOC）にチェックインし、当初の任務がまだ有効か確認した。確認後、彼らはバグラームから西方へ進み、目標地域を南北に走る峡谷に進入し、高度1,800mの雲層の下をかすめるように飛んだ。オットー中佐はこう語った。

「上空に到着後、現場にいた1機のB-1と交代しましたが、彼らはコンボイからずっと離れた場所にいたある車両に注目してました。立ち去る前に彼らはその目標を私たちに引き継がせようとしましたが、こちらの仕事はコンボイ関係だけだと説明しました」

「JTACと話し始めると、彼はFOBへの帰路に待ち伏せがあると予想していると言い、基地は約5『クリック』[5km］北ということでした。彼らが近づいている村を見てきてくれと命じられたので、私たちは照準ポッドを向けてそうしました。誰かが屋根の上で動いているのが見えましたが、特に異状はなかったので、JTACにそう伝えました。彼が力の誇示航過を要求したので、私たちは低空に降下し、その小さな村のすぐ上を飛びました。その航過中、大勢の女性と子供が道路を横切って東から西へ移動しているのが見えました。このことをJTACに伝えましたが、この時はまだ私たちのどちらも目にしたことを考え合わせてませんでした。あとで考えてみると、これは待ち伏せ攻撃が始まる大きな前兆だったんです」

「私たちが周回飛行に戻ると、ちょうどハンヴィーの部隊が私の照準ポッドの視野［FOV］を横切ったところで、屋根の上の男たちがRPGと機関銃を撃ち始めました。キャノピー越しに銃口炎から伸びる小火器弾の軌跡、そしてSOFコンボイの位置がはっきり見えました」

　タリバン部隊はコンボイのルートの東側50mから200mの範囲に陣取り、SOF車両は4km近い長さのキルゾーンに入ってしまった。敵の砲火は屋根上、空き地、車列と並行に伸びる枯れ川からだった。すぐA-10に射撃要求が出され、2機の『ホッグ』パイロットは30秒以内に支援攻撃を許可された。最初に航過を仕掛けたのはオットー中佐で、それについてこう説明してくれた。

「銃撃が始まった時、私は戦闘地点から見て周回コースの反対側にいたため、うまく射撃航過できる位置に行くのに何分もかかってしまいました。銃口炎が見え、最初の掃射をしようとした時、JTACがある屋根の上に敵が1人いると言いました。そいつを第2航過で撃つのにはまだ時間の余裕がありました。その後コンボイから返答があり、屋根の上に確かにタリバン兵が1人いると言ってきました。その男が30㎜ HEI［焼夷榴弾］の直撃を喰らったのはRPGを装塡しようとしてた時でした」

　それから2分半のあいだに2機のA-10は4回の射撃航過をし、パイロットたちは味方部隊からわずか50mしか離れていなかった目標をGAU-8型30㎜ガトリングガンで掃射した。待ち伏せ攻撃の開始から数分後、コンボイのあるハンヴィーの上部銃座で50口径（12.7㎜）機銃を操作していたJTACからのA-10への無線交信が途絶えた。彼は銃撃戦で戦死したか、戦闘不能になったものと思われた。この市街戦に似た状況から抜け出そうと突っ走る各車両を小銃とRPGの火線が追いつづけていた。JTACが空から切り離され、FOBの見張員からは待ち伏せ戦闘の全体状況が見えなかったため、「ホッグ」に攻撃許可を与える権利をもつ者が地上にいなくなってしまった。A-10パイロットたちは決断を迫られた。

　アメリカ海兵隊の飛行隊には「合理的確信」という観念があり、近接支援機が敵の照準情報を一度与えられた場合、たとえ統制官部隊との交信が途絶しても攻撃継続が可能とされている。米空軍の規定はこれほどフレキシブルではなく、敵味方両部隊の位置が明確に識別されたのち、保たれているという交戦規定の範囲内でしか友軍の援護は認められていない。しかし交戦規定が2014年よりも厳格でなかった2008年初頭ですら、このガイドラインが使われることは滅多になかった。

　1月4日に直面したこの地上状況に対し、オットー中佐と僚機は射撃航過を継続して敵に圧力をかけつづけるという決断をした。事実、通信の途絶中に実行された射撃航過は5回に及んだ。この航過でまたしてもA-10パイロットたちは友軍部隊から50mしか離れていない敵の陣地群を射撃し、それにより敵の地上砲火を低空飛行するA-10に引きつけたのだった。この射撃航過の最

雨に濡れたバグラームの駐機場に居並ぶ第172EFSのA-10Cと第81EFSのA型。2008年1月8日。第81飛行隊は前者と交代するため戦地に到着した直後で、ミシガンへ帰還した第172飛行隊は基地統廃合措置の憂き目を見ることになった。第81EFSがバグラーム基地への展開にA-10Aを使用したのは今回が最後だったが、これはPE改修機がまだ在欧アメリカ空軍に配備されていなかったため。
(Mark Gilchrest)

中、多数の敵兵士が近くの涸れ川を東から西へ横切り、控えの隠蔽陣地へ向かった。これらの潜在的脅威は2機のA-10の正確な射撃により排除された。

その後JTACとの交信が再開したが、自らが射つ50口径機銃の轟音のせいで彼は集中できなかった。自分の置かれた状況をはっきり認識していた彼は、コンボイが村から抜け出した直後、パイロットたちにもう2回の航過を許可した。残りの滞空可能時間のあいだ、オットー中佐と僚機はFOBまであと一歩まで迫ったコンボイにISR監視を行なった。村に入ったとたん始まった車両を「歓迎する」敵の弾幕にもかかわらず、それまで味方に死傷者は出ていなかった。地上部隊の指揮官は犠牲者が出なかったのはA-10部隊の功績だとし、JTACとの通信が途絶えた「のち」もタイムリーに正確かつ強力なCASを実施してくれたおかげだと述べた。オットー中佐はこう語った。

「着陸すると、面倒なことになるかもしれないという考えが心をよぎりました。幸い同士討ちや民間人犠牲者もなく、味方の兵隊が全員帰還できた以上、あの行動は正しかったはずです。しかし交戦規定にかかわる法的問題と、あの日の作戦の際どさは皆が分かっていたので、私たちはよくやったと誉められました。ありがたいことにまったくお咎めなしで済みましたが、そうなってたら本当にヤバかったです。これでたとえJTACと交信できなくなっても味方部隊を援護することはありだと認められたわけで、このことをパイロット全員が気にしていたことは賭けてもいいです。まぁ、あの日の私たちほど堂々とやってのける奴はまず出ないでしょうが」

「実はあの時はタリバンにも感謝しなきゃなりません。というのも彼らは待ち伏せ攻撃に際して民間人に犠牲が出ないよう、女子供を村から避難させてたんです。それからあの戦闘のあと、民間人の死者や負傷者がFOBへ治療のため運ばれたという報告もありません。あの戦いのあと、タリバンに戦士として敬意を多少感じました。彼らは勝ち目がなく、いつも大きな損害を出しながらも、命がけで毅然と戦いに向かいます。あの待ち伏せ攻撃は少なくとも90分つづきましたが、私は手持ちの弾丸1,174発のほとんどを撃ち尽くしました。僚機は弾丸の75%を撃ちました」

A-10Cの初展開は2008年1月15日に第172EFSがミシガン州へ帰還したことで完了した。1年後の2009年2月19日、最後のA-10Cが第172部隊の本拠地、バトルクリーク基地から去ったが、これは同部隊が2005年の基地統廃合措置にしたがって解隊されたからだった。バグラームで彼らのあとを引き継いだのはOEFで展開した最後のA-10A飛行隊、第81EFSで、戦地で4ヵ月近く戦闘任務を実施した。「ホッグ」のA型とC型の違いははっきりしていたとオットー中佐は言う。

「引き継ぎ期間中、私たちはLAO［現地地理慣熟］フライトを『シュパング』の人たちと飛びました。あるフライトのあと、『シュパング』の兵器担当士官から、まだA-10Aを飛ばしてるパイロットより、C型のパイロットが照準SA〔状況把握〕を細部までこんなに早くできるのが信じられないと言われました。もちろんそれはパイロットの経験のせいだけじゃありません。私たちがSAを素早く確立できたのは、C型のパイロット・インターフェース技術がずっと優れていたからです」

2008年1月19日、アフガニスタンでKC-10の給油ブームにプラグインする第81EFSのマーク・ギルクレスト大尉機。A-10A 、81-0952が装備しているのはGBU-12型500ポンドLGBが2発、LAU-131ロケットランチャーが2基、ライトニング照準ポッドが1基、SUU-25フレアディスペンサーが1基である。A-10Cとは異なり、A型にはJDAM運用用のアップグレードが施されていなかった。そこで500ポンドMk.82空中破裂爆弾が2発、第5および第7兵装ステーションに懸吊されたが、写真では胴体の陰で見えない。(Mark Gilchrest)

OEFでのA-10Aの最終展開を記念し、81-0966の前と上でポーズをとる第81EFSのパイロットと整備員たち。例年戦闘が減少する冬季、バグラームから発進していた同飛行隊が使用した30㎜砲弾の数は、前回2006年夏のOEF展開で同隊が使用した弾数の約半分だった。(USAF)

A-10A+のOEFデビュー

A-10A+ OEF DEBUT

第81EFSは2008年5月末にドイツへ帰還し、代わりにバグラームへ来たのが州兵空軍2個部隊と空軍予備役部隊1個部隊から派遣された12機からなる「レインボー〔混成〕」飛行隊だった。各部隊は今回の展開に4機ずつを派遣していた。これらの機体はアフガニスタンに派遣された最初のA-10A+だったが、これらのアップグレード機はすでに2007年夏にイラクで実戦を経験していた。2個の州兵空軍部隊とはペンシルヴァニア州兵空軍第111FW／第103FSとアイダホ州兵空軍第124FW／190FSだった。さらにホワイトマン空軍基地の第442FW／第303FSからのA-10A+4機で部隊は編成されていた。今回の展開はペンシルヴァニア州兵空軍にとっても最後のもので、やはりこの部隊もOEFから帰還後、基地統廃合措置により解隊されたのだった。第103飛行隊は2010年中盤に全所属機を失い、2011年3月31日に活動を終了した。

2008年6月5日、アンソニー・ロウ少佐とジェイムズ・マッキー大佐は「ホーグ51」と「ホーグ52」としてバグラームから発進した〔「ホーグ」は「ホーク」と「ホッグ」の合成語〕。当初、同ペアにはアフガニスタン東部パクティア州の州都ガルデーズ近くのFOBを出発するコンボイの支援が命じられていた。しかし両A-10が滑走路に整列してブレーキを解除しようとした矢先、任務が変更された。新たに命じられたのはバグラーム南方約30kmでのTIC支援だった。現地へ到着したところ、ストライクイーグルの2機編隊が作戦地域上空を周回飛行しており、2～3機のアパッチが低空で活動していた。ロウ少佐はその時のことをこう語ってくれた。

「ASOCに無線を入れ、このTICの状況は安定していると伝えました。元の任務に戻りたいと要求したところ、代わりに真東のガルデーズでIED［即製爆発物］敷設とおぼしき行為を確認してくれと言われました。上空に到着してみると、確かにそこでバイクに乗った男たちがIEDを仕掛けていました。しばらく連中を追跡し、ポッドの焦点を合わせてこいつらに間違いないと確信しました。目標を確認後、射撃して連中をバイクから吹き飛ばしました。

任務継続のために充分な燃料をもらい、KC-135から素早く離脱する第103EFSのA-10A+、82-0659。欺瞞キャノピーと全搭載兵装がよく見える。兵装の内訳はLAU-131ロケットランチャーが2基、GBU-12型500ポンドLGBが2発、Mk.82空中破裂爆弾が1発、ライトニング照準ポッドが1基、SUU-25フレアディスペンサーが1基である。(USAF)

バイクは爆発し、男たちは地面を這って逃げ出しました。マッキー大佐が私に目標を指示してくれたのですが、這うのをやめた2人はほとんど背景と一体になってしまったからです。そのあともう一度射撃航過をかけて、2人をやっつけました」

「それから給油機に向かいました。給油が終わり、発進から2時間が経った頃、やっと最初の任務へ向かえるようになりました。ガルデーズ付近のコンボイの護衛です」

「コンボイと何度も連絡を取ろうとしましたが、20分後、やっとFOBのJTACからコンボイは整備上の問題のせいで基地から出発さえしてないと聞かされました。それでも彼はコンボイのルートの先で『力の誇示』航過をしてくれないかと頼んできました。実行してから、JTACにやりましたよと教えました。すると彼はこれとは違う無線周波数をモニターしてたところ、別の米軍コンボイが攻撃を受けて航空支援を要求しているのが聞こえたと言ってきたんです。JTACが座標をくれましたが、それは私たちのいる場所からたった12kmしか離れていないFOBの向こうの大きな山の上なのがわかりました。その尾根や、ほかの同じくらいの山地は、SATCOM［衛星通信］か、見通し線［LOS］が結べないかぎり、いつも無線が邪魔されました。あいだに山があると、無線機同士のあいだにLOSができないんです」

「JTACがくれた座標をすぐ照準ポッドに入力したところ、3台のMRAP［耐地雷・待ち伏せ攻撃防護装甲車］が道路が90度カーブするところに停まってるのが見えました。車両の左手は凄く急な崖で、右手は緩やかな斜面でした。90度のカーブのあとにもうひとつカーブがあり、そこから道路は彼らが停止している小さな谷の外へ伸びていました。MRAP隊は広いキルゾーンのなかで、敵がコンボイをやっつけようとしているのは明らかでした。詳しいことを聞いたのは事のあとです。その時私はコンボイに連絡しようとしましたが、上手くいかず、やっとあるFM周波数で通じました。その周波数は攻撃には不向きだったんですが、コクピットにあった3台のFM無線機のうち、彼らと話せたのはそれだけだったんです」

「照準ポッドで3台の車列の真ん中辺に黒っぽい染みが見えました。それは走れなくなった2号車から漏れていた油圧用オイルなのがわかりました。敵は左の高い場所から彼らを撃つと同時に、右側からもMRAPを狙い撃ちしてました」

「私は無線で話している相手が3台の車両のどれかに乗ってるんだろうと思ってましたが、違いました。彼の声が落ち着いてたのは、そのせいだったんです。確かに彼の車は最初コンボイの先頭だったんですが、待ち伏せ攻撃の開始後、コンボイの先頭部分だけがうまく逃げおおせたんです！　罠に落ちた残りの3台のMRAPに閉じ込められた兵隊は16人、ケンタッキー州兵陸軍の所属で、今回の待ち伏せ攻撃はその部隊の16ヵ月間の戦地勤務で4回目だったと、あとで聞きました。私が無線で接触できた人のコールサインは『フェデックス06』で、彼は待ち伏せ攻撃されたMRAP隊と話せました。私にはできませんでしたが、それはアフガニスタンにいた他のコンボイは全員がその共通周波数を使用していたからです。彼のいる谷内の位置だと、『フェデックス06』に聞こえるのは私たちの会話だけですが、私のほうは半径35km以内にいる全コンボイの声が聞こえてきます。そのせいで訳がわからなくなりました。なので結局こう言うはめになりました。『こちらは緊急近接航空支援事態なんだ。『フェデックス06』じゃない人はこの周波数から外れてくれ』。私たちはこの一般周波数のことを『トラック無線』と呼んでました」

「しっかり確認しなければいけなかったのは、待ち伏せされた3台のMRAPの車外に味方兵が誰もいないかどうかでした。この戦闘中、敵兵はまったく見かけてませんでしたが、これはA-10に乗ってる上に、大急ぎで喋りまくってたからです。ある兵隊は壊れたMRAPの車外で応射したり、別の兵隊は壊れた車両を直そうとしてたりと、16人の兵隊が狭いMRAPの車内に全員大人しくじっとしてる訳がありません。弾薬はどんどん減っていきますが、彼らにはそこに留まって戦うしかありませんでした。最後に彼らは一番激しく攻撃してくる場所を黄色発煙擲弾で示そうとしましたが、それは斜面を転がって戻ってきて、車両から3m離れたところに落ちました」

「マッキー大佐は私の上方、高度約6,000mをまだ周回飛行中でしたが、これはFOBのJTACを旋回範囲内に入れておくためでした。結局私たちは緊急CAS事態を宣言することになりましたが、これはあの時ほかにどうしようもなかったからです。これでCASを実施できるようになったものの、地上から私たちを統制してくれるまともなJTACがいませんでした。幸いマッキー大佐と私はFAC（A）資格者だったので、兵装を使用する前に友軍の正確な

バグラーム空軍基地の駐機場へタキシングする2機のA-10A+。2008年7月26日。両機は第303EFSで使用されていたが、後方の機（A-10A+、78-0655）はホワイトマン空軍基地の空軍予備役部隊の所属。前方の機（82-0659）はペンシルヴァニア州兵空軍第103FSから派遣された4機のうち1機。さらに4機がアイダホ州兵空軍第124FW／第190FSから来ていた。（USAF）

2008年6月5日朝、出撃前に第303EFSのA-10A+ 、79-0123の前に立つジェイムズ・マッキー大佐（左）とアンソニー・ロウ少佐。この任務で彼らは待ち伏せ攻撃されたケンタッキー州兵陸軍のコンボイを救った。両「ホッグ」パイロットは米空軍士官学校の卒業者で、今も現役のアイスホッケー選手だが、一緒に飛べる数少ない機会を最大限に活用した。「マッキー大佐は『砂漠の嵐』作戦でも飛んだ熟練パイロットなんです」とロウ少佐は語った。「ですからこんなベテランパイロットと僚機になれるなんて、そうあることじゃありません。しかも4,000時間の『ホッグ』パイロットとなれば、なおさらです。あの作戦ではハイテク装置は全然要りませんでした。最高の僚機と必殺の機体があれば充分でしたよ。外を目で見て、機関砲を使いました」（Anthony Roe）

位置と、敵の相対位置を確認することにしました。もうJTACに連絡して攻撃許可を宣言してもらうんじゃなく、自分で自分に突入と射撃の許可をする破目になってしまったんです。マッキー大佐は実際、無線でJTACに黙ってくれと言わなければいけませんでしたが、それは自分の仕事をしようにも会話の片方の声しか聞こえなかったからです」

「待ち伏せされたアメリカ兵たちは発煙擲弾をもう1発発射しましたが、今度のは赤いやつで、うまく斜面に乗って目標の位置をマークできました。『赤い煙のところを撃てばいいのか？』と『フェデックス06』に聞きました。5回も聞かなきゃなりませんでした。とうとう安全な場所まで逃げおおせていた先頭車に乗っていた誰かが、待ち伏せされた部隊と『フェデックス06』と私たちの会話を聞いていて叫びました。『そうだと言え、バカ野郎、そうだって言うんだ！』。その時はそれが待ち伏せされた3台のMRAPに乗ってた誰かだろうと思いました。私はすぐマッキー大佐にコールして言いました。『突入射撃します！　すぐこっちへ下りて来てください！』」

「待ち伏せされた車両に乗っていた全員に車内に入れと言いました。『フェデックス06』経由で3台のMRAPから了解という返事が返ってきたので、これから騒々しくなるぞと言ってやりました。もう兵隊は全員車内に戻ったとも言われました。つまりMRAPの外にいる奴らはみんな悪者ということで、これは重要でした。私は旋回して1連射すると同時にロケットポッドを7発全弾発射しました。敵の脅威を排除するために車両のすぐ近くを狙う必要があったんですが、それだと私たちが兵装の最小危険距離内に入ってしまうのが問題でした。最初の航過では先頭のMRAPのフロントバンパーの左端からたった60mしか離れてない場所を射撃しました。私たちがそれぞれ攻撃航過をさらに加えたところ、銃撃は止みました。それから州兵部隊の車両がそこから離脱できるまで下方監視をしました」

「MRAPに乗ってた兵隊たちは弾薬がどんどん減ってくのを見て、着剣して丘へ突撃することを決断してました。車両に閉じこもったまま死ぬつもりはなかったんです。弾丸と手榴弾を全部使い果たすまで、あと3分から5分だったそうです。彼らは完全に手詰まりでしたが、運よく私たちが救難要請を聞きつけたんです」

「レインボー」飛行隊は2008年9月末に帰国した。引き継ぎ部隊は第75EFS「タイガーシャークス」だった。この部隊は2007年末に第23戦闘群がポープ空軍基地からジョージア州ムーディ空軍基地へ移動して以来、同基地から派遣された最初の「ホッグ」飛行隊だった。ムーディ基地到着後まもなく第74および第75FSは、部隊のA-10Aをヒル空軍基地へ送り始め、PE改修を受けさせた。パイロットのアップグレード訓練はアリゾナ州トゥーソンのデイヴィスモンサン空軍基地で実施された。

第75EFSがバグラームに到着してからまもない2008年10月の第1週、米空軍はA-10部隊の一部を飛行停止にすると発表した。ヒル空軍基地のオグデン航空兵站センターでの定期検査で、補給所レベル修理に来ていたA-10のうち数機の主脚回転軸の中央パネル付近に亀裂が見つかった。飛行停止措置の対象になったのは米空軍に最初に引き渡された250機のA-10で、これらはその後生産された機体よりも主翼が薄かった。この亀裂により飛行停止になったのは当初129機だったが、この数字はさらに調査が進むにつれ191機に増加した。幸い2007年に米空軍がボーイングと主翼交換作業のため10億ドルの契約を結んだものの、主翼を新しくされた最初のA-10のロールアウトは2012年2月15日まで待たねばならなかった。

第75EFSは12機のA-10Cで展開していたが、これらの機も主翼亀裂問題と無関係ではいられなかった。疑いのある機を検査のためシュパングダーレムに移動できるよう、4機の補充機が調達された。さらに飛行停止措置が追加されたのにともない、8機の「ホッグ」がムーディからバグラームへ移動され、CAS網に穴が開くのを予防した。

主翼亀裂問題にもかかわらず、第75EFSは戦地で必要なCAS支援を継続した。そのひとつが10月28日に2機のA-10、「ホーグ55」と「ホーグ56」が悪天候と決死の敵にもかかわらず、6名からなる米海兵隊SOFチームの命を救った作戦だった。ジェレマイア・パーヴィン大尉とアーロン・カヴァゾス中尉は3時間の任務を終えてバグラームへ帰還する途中、彼らの現在位置から600㎞離れたアフガン・トルクメニスタン国境部、バドギス州バラムルガブ地区南部にいるTIC「インディア・ゴルフ」へ向かうよう命じられた。彼らの編隊のために専用の給油機が手配され、A-10隊は給油後その地域へと飛んだ。

現地にはすでにF/A-18ホーネットの2機編隊が2個滞空しており、地上部隊を支援しようとしていた。A-10隊がAO〔作戦地域〕から90㎞以内まで接近したところ、両パイロットはホーネット隊とSOFチームの交信が傍受できるようになった。ホーネット隊がAO周辺の峡谷と山地を覆う雲層を突破できないことがわかってきた。F/A-18のパイロットたちは最新状況を伝えると現場からチェックオフし、北アラビア海にいる母艦へ去っていった。カヴァゾス中尉はそれから起こったことを語ってくれた。

「接近しながら地上のJTACと話を始めました。海兵隊特殊作戦チーム［MSOT］5の『ハーロー11』とです。部隊は眼下の峡谷の真ん中にいましたが、姿は見えませんでした。彼らは村の複合家屋のある建物のなかに追い詰められてました。タリバンと白兵戦の真っ最中で、多数のPKM［7.62㎜］とDShK［12.7㎜］重

2012年11月17日、4名のケンタッキー州兵陸軍隊員がホワイトマン空軍基地の第303FSを訪れ、同部隊にアフガニスタンで翻してもらいたいとマッキー大佐とロウ中佐に国旗をプレゼントした。さらに2008年6月5日に自分たちを救ってくれたことに感謝し、両名に額入りの感状を贈呈した。この訪問で兵士たちはA-10を間近に目にし、自分たちの命を救ってくれたパイロットに会えたのだった。背後の79-0123は、マッキーとロウがあの日使用した2機のA-10A+のうち1機。(442nd FW)

空中給油のため、給油機の後方に接近してきた2機のA-10。両機ともマーキングはムーディ空軍基地の第74FSのままだが、実際に運用していた部隊は第75EFSだった。手前は79-0135で、主翼に亀裂が発見されて米空軍に飛行停止にされたA-10数機の代替機として展開に加わった。(USAF)

機関銃とRPGの集中射撃を2時間近く受けてました」

「あとでわかったのですが、MSOT-5は1棟の建物に追い込まれ、12～15人のタリバンと近距離銃撃戦をしてたんです。タリバンはAK-47を窓に突っ込み、頭上に構えて弾丸をバリバリ撃ち込んでました。海兵隊は窓の外に手榴弾を投げて、タリバンが窓から撃てないようにしてました。建物はRPGが20発以上も命中したせいで強度が落ち、危険な状態でした。どうしてあの兵隊たちが死ななかったのか、不思議でたまりません。JTACにすぐに助けないと、あいつらは死ぬぞと言われました」

「そこでパーヴィン大尉と私は、上空を旋回するだけで彼らを見殺しにはしないと決意しました。彼は雲を突破して峡谷に入る方法を考え出しました。雲層は何重にもなってて、そのほとんどがAGL1,000mまで垂れ込めてました。現地の地図は持ってませんでしたし、『ホッグ』にはレーダーがないんで、安全に雲を抜けて峡谷を囲む山々を避けるちゃんとした安全な方法がありませんでした。『ハーロー11』によれば、谷は南北に走っていて、彼らはその真ん中にいるとのことでした。パーヴィン大尉が考え出した方法は、はめられた海兵隊の座標を利用して北へ向かいながら雲を抜けるというものでした。これなら上手く山々を避けられそうに思えました」

「この戦闘が起きたのは夕方だったので、事はいっそう厄介でした。パーヴィン大尉が先行し、私は後続しました。『悪天候下でドンパチやってんだから、よく見えるはずさ』と彼は言いました。ちょうど太陽が地平線にかかった時、私は雲に飛び込みました。通り抜けたところ、雲が厚いせいで真っ暗になってる場所がたくさんあり、砂ぼこりと霧がそれに輪をかけてました。悪天候時に怖いのは、地平線や山みたいに見えるものに目が惑わされることなんです。雲底を出て谷に入ると、銃火が目印になってタリバンの戦闘陣地はすぐわかりました。4つの大きな点が重機関銃で、『ハーロー11』を撃ってました。外を見るには充分明るくてNVGを使うほどでなく、先導機ともまだ接近しすぎていません。銃撃戦の硝煙と靄もひどかったです。通常の衝突回避方法は無理だったんで、『ホーグ編隊、ゴー・クリスマスツリー！』とコールしました。彼はすぐそうしました」

「それでふたつのことが起きました。彼の姿が見えるようになり、谷で彼と衝突することはなくなりました。そしてすべての航法灯が点いたせいで、タリバンに私たちの位置が完全にばれました。すぐに地上砲火が始まりましたが、それがこちらの狙い目でした。私たちが撃たれていれば、海兵隊は撃たれません。連中がこっちを撃ち始めたので、しめたと思いました」

敵の陣地を眺めながら、「ホーグ」編隊は目標を選び始めた。もっと北にいた別のMSOTチームの第二のJTACからもらった座標を使い、パーヴィンとカヴァゾスはA-10を「ホット」にするために必要な9点状況を確定できた。パーヴィン大尉が最初に射撃航過を行ない、カヴァゾス中尉がそれにつづいた。それからの25分間、各パイロットはさらに7回の射撃航過を実施し、MSOTの位置から50m以内に30㎜砲弾を撃ち込んだ。悪天候のため推奨されている夜間射撃機動ができなかった2機は、通常は昼間作戦にしか認められていない緩降下攻撃を選択した。

その航過でA-10たちは敵の機銃の射程内に完全に入っていた。

事実、彼らはDShKから150m以内を通過していたが、それはこの機銃の有効射程2,500mよりはるかに近距離だった。カヴァゾスは4ヵ所あったDShK陣地のうち3ヵ所を破壊し、パーヴィンがもう1ヵ所を潰した。これにより「ハーロー 11」は建物のすぐ外にいた残りのタリバンを撃退できたのだった。銃撃戦が終わると、A-10の2機編隊は「力の誇示」航過を繰り返し、敵の銃火を引きつけた。

航過を終えると、彼らはそうした火点を30㎜砲の次なる目標にした。パーヴィン大尉はこう語った。

「私たちが射撃航過していた頃、海兵隊は離脱準備をしてましたが、手当ての必要な負傷兵が2人いました。1人はチームの衛生兵で、弾丸がライフルで跳弾し、金属片が両脚と腹部に食い込んでました。チームの隊長も腕を2度撃たれてました。引き揚げ時でした。彼らは村の北側にある壁まで後退行動［敵から離れるため後退する組織的行動］を行ない、そこを出たところ、MSOT-5はもっと激しい銃撃を受け始めました」

「危険近接航過を私たちが意見具申したのはその時でした。移動していく彼らの頭上すれすれを私たちは撃ちながら飛び越しました。彼らが建物のなかにいた時は、その近く、40～50mを撃つのはまだ簡単でしたが、歩いてるとなると結構難しいんです。敵は彼らを追いかけて撃ってきました。実は海兵隊はアフガン人の通訳を連れていて、その男性がタリバンの隊長が部下に『あそこを攻めて、やつらを捕えろ。やつらを殺せるのなら、俺たち全員が今日死んでもかまわん』と言ってるのを聞き取ってました。あの海兵隊どもを絶対に殺すんだと敵は固く決心してました」

「海兵隊は移動を始めると、自分の位置を示すため各自のストロボライトをオンにしました。おかげで彼らのもっと近くを撃てるようになりました。負傷者を担いで走っていた彼らの25m以内まで近づいたことも数えきれません。彼らが動くたびに銃撃が追うのが見えましたが、私たちにとってそれは自己申告してくる標的も同じでした。ほとんどの航過で海兵隊へ向かってまっすぐ飛び、その頭上を撃ちながら飛び越しました。航法灯を全点灯してたんで、彼らには私たちと、機体を狙って撃ち上げられる地上砲火が見えてたはずです。全体を見渡せる場所から見物できたなら、ストロボライトをオンにしたA-10とそこへ撃ち上げられる曳光弾、それからお返しに撃ち下ろされる30㎜弾が見えたことでしょう。数分の1秒後、轟音と手榴弾60発分の爆発［30㎜機関砲弾の連続炸裂を手榴弾の爆発に例えている］が起こり、1秒後に観察者の背後で爆発が起こり、それから発射音が聞こえたはずです。すぐ近くを私たちが撃つたびに、彼らはこれで死なずにすむんだと感じたそうです」

「最終的に海兵隊はタリバンから充分離れた場所までたどり着き、タリバンは私たちの銃撃の激しさに追跡を諦めました。800mに及んだ後退行動のあと、MSOT-5は一番近くにいた別のチームと落ち合いました。私たちは全員がFOBトッド基地に戻るまで残って武装下方監視を実施しました」

「今考えると、対空砲火にやられるよりも岩に突っ込むほうが心配でした。あの任務ではもう駄目かもしれないと思いました。海兵隊チームが死ぬか、私たちが死ぬか、それとも全員が死ぬか。幸いどちらも現実になりませんでしたが」

パーヴィン大尉とカヴァゾス中尉に勲章をという運動を支援するため、MSOT-5のチーム隊長と副官は両パイロットへの褒賞授与を陳情する手紙を書いた（両名はその後、V字徽章つき殊勲飛行十字章（DFC）を受章した）。個人名は保安上の理由から伏せられているが、以下がチーム副官の書いた手紙である。

「私が腕を二度撃たれ、止血処置にもかかわらず大量出血したため、我々の状況は危機的になりました。衛生兵もヘルメットに被弾し、銃3挺が敵の銃撃で損傷していました。反政府ゲリラとの撃ち合いが至近距離で何度も起こりました。私がある部屋から廊下に出たところ、ほんの2mも離れていない場所にAK-47とRPG発射器を持ったタリバン兵がいました」

「敵の猛射撃を受けながら壁から北へ向かっていた時、私たちの行動を支援すべく最初に来たA-10が射撃航過で轟かせた30㎜砲の発射音をはっきりと覚えています。見上げると爆音を上げるA-10が頭のすぐ上を飛んでいたので、背伸びをすれば手が届きそうに思われました。野原で次の溝に着いたところで味方の人数を数え、チーム全員が視界内にいるのを確認しました。その時、耳をつんざいていたゲリラの銃撃がもう頭上に響いておらず、代わりにA-10の編隊に向けられていたことに、はっと気づきました」

「A-10の30㎜砲弾が自分から50mも離れていない場所に着弾するのを目で見、耳で聞くのはどんな感じか、説明するのは困難です。絶対の確信を持って言えるのは、あの日、あのパイロットたちの行動がなければ、私は生きてこの文章を書いていなかったということです。私は敵に射殺されるか、銃創による出血多量で死んでいたでしょう」

チーム副官の証言を裏付けるように、MSOT-5のチーム隊長はこう述べている。

「私たちは完全にほかの部隊から切り離され、こちらの立てこもる建物の敷地内へ侵入したゲリラは圧倒的多数でした。ゲリラたちは三度にわたり建物への突入を試みました。そのすべてを撃退したものの、建物のすぐ外にいる敵を一時的にでも後退させるには手榴弾を窓の外へ投げるしかありませんでした。至近距離の撃ち合いになることも数度ありました。窓から何とか離れた私は反対側のゲリラと交戦することになりました」

「見上げると、私たちを後退させるため1機目のA-10が射撃航過をするのが見えました。『なぜこの飛行機はこんなに低く飛んでるんだ？　それになぜライトを点けてるんだ？』と思ったことを覚えています。無数の敵の曳光弾が飛行機を追うのを見た私は、私たちが移動できるように彼らが砲火を引きつけていたことに気づきました。砲の発射炎と轟音、まわりの地響きが、私たちは帰れるかもしれないとあの夜初めて実感させてくれたのは確かだと断言できます。A-10が航過するたびに、みんな頑張るんだと言われてるような気がしました」

「超低空をライトを点けたまま飛んで敵の砲火を引きつけるという自己犠牲的な行動は、私たちのためだったのです。負傷者のいた私たちを逃がすため、彼らは意図的に自らを危険にさらしたのです。私たちを絶対に殺そうと追跡する敵を、正確無比な危険近接射撃によって彼らは食い止めたのです」

2009年3月に第75EFSがOEFから去ると、その後を引き継いだのは姉妹部隊の第74EFSだった。これは主に人員のみの交代で、2008年末にバグラームに持ち込まれていた飛行機はそのまま残留した。しかし4月末に新たに6機が到着し、5月初めに4機のA-10Cがムーディへ帰還した。「フライングタイガース」はその6ヵ月間の展開期間中に12,000時間以上を飛行し、数百発の500ポンド爆弾を投下するとともに、54,000発以上の30㎜砲弾を発射した。8月初めに第75EFSがバグラームを去ると、それから2年半のあいだ同基地を拠点とするA-10部隊はいなくなった。ISAFの関心は南方へ向かい、A-10部隊の作戦もそちらへ移っていった。

作戦中に給油を受けに来たトーマス・ハーニー大尉機。2008年10月7日。GBU-38型500ポンドJDAMが3発、機体に懸吊されている。PE改修済みA-10がアフガニスタンに到着するようになると、この兵器はたちまち多用されるようになった。(USAF)

ある午後遅くの作戦のため、バグラーム空軍基地の滑走路へとタキシングする第75EFSの別の補充機、80-0144。この「ホッグ」の後方もやはり補充機のA-10C 、80-0272で、こちらは第391EFSのF-15Eストライクイーグルを横目にタキシング中。両機も当時、本基地からCAS任務を実施していた。(USAF)

A-10Cの必殺武器、GAU-8/Aアヴェンジャー 30㎜ 7砲身ガトリング砲。この砲の反動は4,500㎏にも達し、A-10が2基搭載するTF-34エンジン1基分の推力よりも大きい。その反動にもかかわらず、発砲による機体速度の低下は時速数㎞でしかなかった。(USAF)

KC-135から鋭く切り返し、米空軍の「戦場カメラマン」のためにフレア散布を披露する第75EFSのA-10C 、79-0179。2008年11月12日。赤外線ミサイルを欺くために開発されたフレアはOEFで幅広く使用され、「力の誇示」飛行でも示威手段として敵の戦意をくじき、ISAF部隊を力づけた。(USAF)

第56戦闘航空団司令スコット・ブルース准将から空軍戦闘行動勲章を飛行服にピン止めされるアーロン・カヴァゾス大尉。2015年1月16日、ルーク空軍基地にて。カヴァゾスはこの勲章に加え殊勲飛行十字章（授章式は2014年3月14日にデイヴィスモンサン空軍基地にて）も受章したが、これはOEF参加中だった2008年10月28日に示した勇気ある行動に対するものである。飛行隊の同僚ジェレマイア・パーヴィン大尉との同日の活躍により、MSOT-5の6名の海兵隊員が命を救われた。(USAF)

給油機からの燃料受入れを準備する第75EFSのA-10C、79-0172。2008年12月12日、アフガニスタン上空にて。本機はかつてアイダホ州兵空軍機だったが、ムーディ空軍基地へ移動して「フライングタイガース」の一員となり、有名なシャークマウスのマーキングを施された。(USAF)

第3章

カンダハル

KANDAHAR

2009年7月中旬、アフガニスタン展開計画に従ってOEFに参加するため第354FSのA-10Cが12機、デイヴィスモンサン空軍基地を発進した。しかしこの海外派遣戦闘飛行隊はカブール北方のバグラームには向かわなかった。これは「ウォートホッグ」をカンダハルへ再配置するという数ヵ月前の決定のためだった。それは戦域内でCAS〔近距離航空支援〕を実施する主力基地の大移動だった。当時はアフガニスタン南部でISAF〔国際治安支援部隊〕の本格的編成が始まったところで、CAS機が使用可能になればストライクイーグル部隊を北部で作戦をする部隊の援護にまわせるようになるはずだった。

A-10部隊の南方移動が実際に始まったのは2009年6月初旬で、第354FSがアリゾナを出発する約4週間前だった。ヘリック作戦〔不朽の自由作戦の英軍での呼称〕を5年間支援してきた英空軍のハリアー GR9A（これらの機は第1〔戦闘〕飛行隊が運用）はカンダハルを去り、ラトランドにある根拠地のRAFコッテスモア基地へ帰還した。最後のハリアー IIが出発した直後、カンダハル飛行場をA-10の根拠地に変える作業が開始された。

ジョン・チェリー大佐は6月8日に同飛行場に到着し、第451海外派遣航空群《AEG》（米空軍のカンダハル受け入れ部隊）司令官に着任したが、同航空群は7月2日に航空団に格上げされ、第451AEWとしてアフガニスタンにおける第二の海外派遣航空団となった。第451AEGは航空団になる前は、第455AEWの飛び地部隊だった。新たに生まれた第451AEWは不安定な状況がつづくアフガニスタン南部での戦闘に人員機材を増援することになっていた。

チェリー大佐は英軍ハリアーIIが使っていた駐機場がどう改造されたかを説明してくれた。

「カンダハルでA-10を使えるようにするには、いくつか問題がありました。A-10が行くことになっていた場所にはイギリス軍のハリアーIIの駐機場がありました。RAF機はカンダハルにかなり長期間いたんです。ハリアーII用の格納施設を撤去し、面積を拡張する必要がありました。レッドホース［迅速展開重整備施設建設飛行隊の略、米空軍の重建設部隊］チームが、A-10を収容するには小さすぎたコンクリート擁壁とハンガーを全部解体する

フェリー用増槽を満載してカンダハル飛行場からイギリスへ出発するRAF第1（戦闘）飛行隊のハリアーGR9A、ZG505号。2009年6月29日。統合軍のハリアーはヘリック作戦への参加を終えるまでアフガニスタンで5年間戦っていた。カンダハルのRAFハリアーはトーネードGR4に交代された。（RAF）

という大工事をやってくれました。A-10はハリアーⅡよりずっと大きい飛行機ですからね。駐機場も設計が変更されて広くなり、A-10やもっと大きな飛行機も収容できるようになりました」

「この工事は最初の『ホッグ』部隊が来るまでに仕上げなくてはなりませんでした。コンクリートの養生日数と時間を計算しましたが、これは材料をいくつも営門を通って搬入しなきゃならないのと、部隊防護のための確認検査があったからです。それがえらく時間がかかるんですよ。レッドホース部隊のコンクリート打設ペースに地元業者が追いつかなくて困りました。コンクリートの打ち込みは一晩かけて行なってましたが、これは夏の昼間のカンダハルの気温が打設作業に適さないからです。全部が竣工するのに1ヵ月近くかかりましたが、飛行機が到着する前の晩も、まだ新しい掩体や整備ハンガーや燃料保管庫が建設中でした。航空技術者用のテントも張られていて、作戦ビルの配線改装工事とすべてのコンピューターや通信装備の設置もまだでした」

基地移動にともない、どの装備品をバグラームに残し、どれをカンダハルに移すかという問題も出てきたが、これは第74と第352の両EFSが短期間、重複して航空任務命令（ATO）を実施する予定のためだった。戦域内にある装備の量では、A-10を運用するため両基地に同時にフル装備を揃えておくのは無理だったので、酸素発生装置はどちらに置くかなど、ある程度のリスクは織り込むことになった。弾薬の移送も必要だったが、A-10独自の武装が必要とするものは当時カンダハルにあったストックだけでは対応不可能だった。

当時、第354EFSの飛行隊長だったマイケル・ミレン中佐は、展開した矢先に起きた事件についてこう語ってくれた。

「私がカンダハルに着いてから72時間も経たないうちに最初のロケット弾攻撃があり、死者は出なかったものの、そのせいですっかり緊張してしまいました。それからロシアの民間航空会社ヴァーティカルTのミル8『ヒップ』ヘリコプターが1機墜落し、16人が亡くなりました。最後は部下のパイロット2名を最初の作戦に送り出す日の朝、RAFのトーネードGR4が1機墜落したんです。離陸時にバーナーがブローアウトし、フックを下ろしたもののワイヤを捉えそこね、飛行場内で爆発しました。積んでた弾薬が全部誘爆しました。まったく先が思いやられました」

「私たちが担任していた作戦はカンダハル付近のもので、キネティックな〔兵装使用の必要性があるの意〕作戦はほとんどその周辺で起きてました。しかしアフガニスタンでのCASというのは、いつ国内のどこへ飛ばされるかわかりません。ある作戦で私はイラン国境まで飛んでから給油機に寄り、そのあと同じソーティでパキスタン国境まで行きました。人間を発見し、追跡するのが一番大変でした。アフガニスタンでの目標は人間が動かしてるものが多く、何者か、または特定の車両を追跡しました。作戦で助かったのは、私たちがスナイパー照準ポッドを装備した最初のA-10飛行隊だったことです。当時これの赤外線とTVスペクトルは以前のものよりずっと解像度が高く、それまでにライトニング型ポッドを使ってたパイロットだけが使用しました。スナイパーの問題は視野があまり広くないことでした。それでも素晴らしいポッドで、感動ものでした」

A-10Cに搭乗し、作戦開始のためタキシングに備える第354EFS「ブルドッグズ」の飛行隊長、マイケル・ミレン中佐。2010年1月1日。第451AEWの傘下にあった第354EFSはカンダハル飛行場から作戦を実施した最初の「ホッグ」飛行隊となった。A-10は同基地で2012年初旬まで活動したのちバグラームへ再移動した。(USAF)

2009年12月のある日の午後遅く、カンダハル飛行場でA-10Cの作戦出撃準備を行なう第354EFSの機付長。「ブルドッグズ」は2009年7月中旬からの展開期間中、30㎜砲弾37,000発以上、白リンロケット弾104発、Mk.82空中破裂爆弾8発、GBU-12爆弾9発、GBU-38型JDAM78発、AGM-65Eレーザー誘導マヴェリックミサイル1発を使用した。同飛行隊はスナイパー照準ポッドをアフガニスタンでA-10の戦闘作戦で初使用した部隊でもある。（USAF）

部隊増派

SURGE

第354EFSがカンダハルを去ったのは2010年1月で、バラク・オバマ大統領がアフガニスタンのための戦いを確実に勝利に導くためアメリカ軍部隊を増派すると発表してから1ヵ月近くのちだった。まもなく2010年中だけで30,000名近くの新たな部隊が数次に分かれて到着し始めた。これにより戦域内の米軍人員数は、同年末に最後の増援部隊が到着すると100,000名を超えた。ISAF部隊がタリバンのかつての拠点群に遭遇した南部のヘルマンド州、特にパンジュワイ地区の村々で戦闘が多数発生すると、作戦の焦点はアフガニスタン南部と東部に移っていた。そこにはムスハーン、タロカーン、スペールワンガー、ザンガバードなども含まれていた。これらの村々はタリバン勢力の発祥地だったため、ISAFにとってアフガニスタンで最も危険な場所のひとつと考えられていた。アフガン東部ではISAF部隊はパキスタン国境を越えてくるタリバンと外国人ゲリラの流入を抑えようとしていた。

カンダハルで第354EFSのあとを引き継いだのは州兵空軍の新たな「レインボー」飛行隊で、メリーランド州兵空軍第175FW／第104FSとアーカンソー州兵空軍第188FW／第184FSのA-10Cにより編成されていた。後者の部隊はF-16CからA-10に機種転換後、初となる戦闘展開だった。カンダハルでの4ヵ月の任期後、両州兵空軍部隊は第81EFSに交代され、同部隊は当初10機のA-10で展開した。部隊の戦力はその根拠地シュパングダーレムから増派された3機と、アイダホ州兵空軍からの2機のA-10Cでさらに強化された。アメリカ軍の増派は順調に進み、ATO実施のため、さらに補充機の需要が増した。

2010年6月に最高指揮官レベルの大規模な人事異動があり、デイヴィッド・ペトレイアス大将がスタンリー・A・マクリスタル大将の後任としてアフガニスタン駐留米軍司令官に着任した。これは政府高官に対するマクリスタル大将の本音が爆発したインタビュー記事が雑誌に掲載されたことを受け、オバマ大統領が彼の解任を決定したためだった。

マクリスタル大将はアフガニスタン駐留米軍司令官在任中、固定翼機による航空攻撃を制限する方針を確立していた。それが適用された最大の例が2009年7月2日に開始されたカンジャール（剣の一撃）作戦である。2001年末の侵攻以来、アフガニスタンで最大の攻勢となったカンジャール作戦は、米海兵隊がヴェトナム以来実施した最大の攻勢空挺作戦でもあった。その後のいくつもの戦闘で、海兵隊は攻撃ヘリによる組織的支援に大きく依存した。これにより米海兵隊は自身が「戦術的忍耐」と呼ぶところの行動を可能にし、副次的被害と民間人犠牲者を減少または根絶できたのだった。しかしこの新しい抑制的な航空攻撃規定のせいで多くのタリバン兵とアルカイダ兵が攻撃対象から外され、戦闘で生き残って新たな戦いの機会を窺うことになってしまった。

ペトレイアス大将の着任から3ヵ月後、航空攻撃を制限する規定がマクリスタル時代と同様に思われるなか、ハムカリ（協力）作戦が開始されることになった。しかし反対意見にもかかわらず、航空攻撃の制限はマクリスタル司令の頃とは変わっていた。2009年9月に多国籍軍機による航空攻撃は257回実施された。ハムカリ作戦の開始から約12ヵ月後の2010年9月になると、航空攻撃の数は179％増加し、700回を超えた。これは毎日平均約24回の空爆がアフガニスタンで実施されたことを意味する。

ハムカリ作戦開始からまもなく、第75EFSは18機のA-10Cでカンダハルへ到着した。それまでの新着「ホッグ」飛行隊とは異なり、同隊は直ちに実戦投入された。アメリカ軍部隊はそれまで行ったことのない、少なくとも長期間いたことのない場所へと進出していた。これは抵抗が特にヘルマンド渓谷において頑強かつ長期にわたることを意味していた。事実、第75飛行隊は戦域展開中に使用した兵装の半分をこの地域で使用している。確かに2010年の10、11、12月に同飛行隊が発射した30㎜砲弾の総重量は、同時期にほかのどの飛行隊が投下した爆弾重量よりも多かった。

第74EFSのパイロット、アーロン・ペイラン中尉は今回が初の戦闘展開で、その年の8月にA-10の訓練課程を修了したばかりだった。任務適格者となるための最少ソーティ数を飛んだのち、ペイラン中尉は飛行隊とともに展開された。最初の戦闘作戦で彼が30㎜砲を発射したのはSOFチーム支援での1度きりで、周回飛行するプレデターのヘルファイア攻撃の仕上げだった。1週間もしないうちにペイラン中尉は4度目の作戦を飛ぶことになり、その最中の行動により殊勲飛行十字章を受章したのだった。そのいきさつを彼は語ってくれた。

「私の4度目のソーティは2010年10月1日で、飛行隊のDO［作戦指揮官］の僚機になったんです。任務はカジャキ湖の近くのヘルマンド川渓谷の北でトラブルに巻き込まれたSOF部隊の支援でした。夜間に攻撃を受けた彼らは、どうにか明け方にアフガンのある複合家屋までたどり着きました。私たちより前にそこに行ったA-10の2機編隊が何発か投弾したほどでしたが、私たちが着いた時には事態は沈静化してました。その時そこにいた航空機は私たちだけでした」

「その複合家屋は平原の真ん中にありました。JTACのくれた9点状況報告にしたがって林の近くを何度か航過し、制圧射撃をしました。燃料が必要になったので、『ヨーヨー作戦』を始めました。私が先に給油機に向かい、30分以内に戻りました。接近したところ、SOF隊員がタリバンの迫撃砲陣地の9点状況説明をしてるのが聞こえてきました。この時、今度は先導機が燃料補給に行くことになったので、私が9点状況をコピーダウンしたところ、JTACがLGBを要請してきました。500ポンドのGBU-12を1発です。準備を整えて迫撃砲陣地に投下し、それが命中したとたん、複合家屋に360度の全周から銃撃が始まりました。いっぺんに全部の並木が銃口炎で輝いて見えたのを覚えてます。射撃を受く、とJTACが無線で叫び、こちらが書き取るよりも早口で9点状況をパスし始めました。とりあえず私は並木を撃ち始めました。何回航過したかは覚えてませんが、とにかく何度もです。ロケットを何発かと、爆弾ももう1発落としました」

2010年1月13日、アーカンソー州兵空軍第184FSとともに展開を開始するため、カンダハル飛行場に到着したメリーランド州兵空軍第104FSのA-10C、78-0613のコクピットから出るパイロット。（USAF）

第184EFSのチャーリー・パーカー 3等軍曹が運転するMJ-1D弾薬運搬搭載車にGBU-38を固定する兵装搭載員クレイグ・メイ1等軍曹。2010年2月2日、カンダハル飛行場にて。（USAF）

A-10Cの右主翼の下でフレア射出モジュールを用意する兵装搭載員。カンダハル飛行場にて。カンダハルにいた6ヵ月間、OEFでそれまでのどのA-10部隊よりも多くの飛行時間を飛び、弾薬を使用した第75EFSで、もっとも多忙だったのが兵装搭載員と整備員たちだった。(USAF)

「ある時点でその複合家屋に迫撃砲弾が1発着弾し、犠牲者が出ました。アパッチを何機かRESCORT［救難護衛］に連れたMEDEVAC〔医療後送機〕が現れましたが、すぐにある並木から射撃され始めました。私は直ちに射撃し、ヘリ部隊を守ろうとしました。彼らは私が最初にLGBを落とした地点についてアパッチに説明してくれと言ってきました。私がそこを射撃したほうが話が早いだろうと彼らに言い、さっきの着弾点を掃射しました。それからアパッチ隊は自ら例の並木の攻撃に取りかかり、MEDEVACが負傷者を搬入する15分ぐらい、私も反対側をやりました。ヘリ部隊が出発すると、私は別の並木を撃ちました。それから辺りがすっかり静かになったので、私は上空周回に戻りました。その時点で私の編隊先導機が戻ってきたので、もう残弾がありませんと言いました」

「その複合家屋の上空での行動で私は殊勲飛行十字章を受章しましたが、今でもA-10パイロットなら誰だって同じことができたはずだと思ってます。いえ、A-10パイロットなら誰でもやり遂げたでしょう。私はたまたま適切な訓練を受け、正しい飛行機でそこに居合わせただけです。もしF-16のパイロットだったら、私のした事ができただろうかと聞かれましたが、答えはノーです。彼らはそういう訓練は受けてませんし、燃料も兵装もありません」

アーロン・カヴァゾス大尉は第75飛行隊で2度目のOEF展開を迎えたが、そこで彼は普通のA-10パイロットなら経験しないようなソーティを実施した。彼はあるインタビューで、パイロットへの任務の割り振りは「すべてはタイミングの問題で、公平ではありません」と語っている。しかしカヴァゾスはまさに適切なタイミングに恵まれたパイロットだった。

増派が進むにつれ、ほとんどの任務で先導部隊が統連合特殊作戦任務部隊（CJSOTF）に監督されるようになった。CJSOTFはヘルマンド州にタリバンを弱体化すべく複合施設群を構築していた。その計画とはISAFの通常部隊がCJSOTFの駐留地域を引き継いで安定化できるようになるまで敵の戦力を奪うことだった。これはアフガニスタンの多国籍軍が新たに採用した「排除、構築、確保」戦略の第一段階だった。これはイラクで実施されて成功したため、今度はOEFの増派にあたって採用されたのだった。

2010年9月27日、カンダハル飛行場で4ヵ月間にわたって戦い、オバマ大統領の命令による増派部隊の支援を終えた第81FSのA-10Cが5機、本拠地のシュパングダーレムに戦塵にまみれた姿で帰還した。今回の派遣は同部隊にとって5度目かつ最後のアフガニスタン展開となった。(USAF)

第75EFSのアーロン・ペイラン大尉は、2010年10月1日にヘルマンド川渓谷の北方、カジャキ湖付近でSOFチームを支援した任務により、殊勲飛行十字章を受章した。(USAF)

10月12日、カヴァゾス大尉と彼の僚機、タナー・ギブソン中尉がカンダハルを発進した。彼らの任務は米海兵隊特殊作戦コマンド（MARSOC）が最近確立したある複合施設の支援だった。

「私たちが現場にチェックインしてから10分も経たないうちに彼らは銃撃を受け始め、『ハーロー 07』と『チョーズン60』から救援要請が入りました」とカヴァゾス大尉は語った。「林にGBU-12の危険近接投下を2回、射撃航過を数回しました。航過中、私たちは小火器弾に数発被弾しました。味方部隊が近かったのと、付近の複合家屋に人がいるのかが不明だったため、私たちの進入方向は限られてしまいました」

「燃料が心細くなったので、ギブソン中尉を給油機に行かせました。彼がいないあいだ、接近してLGBをもう1発落としたところ、銃撃が止みました。敵が味方部隊に接近してくる場合に備えて30㎜砲弾を節約しときたかったんで、最初に爆弾を落としました。僚機は戻ってくるとGBU-38型JDAMを1発、その複合家屋の150m東にあった射撃陣地に落としました」

「私が給油機に行ってるあいだに、敵が複合家屋の塀に南側から接近中という連絡がありました。タリバンはもう手榴弾が届く距離まで近づいていて、『ハーロー 07』に投げてました。私が急いで戻ると、彼らは9点状況をパスしてきました。準備できたところで、着弾点が味方からたった20mしか離れてないことに気づきました。僚機と再合流し――彼が後続機です――それから突入射撃に向かいました。私は約75㎞離れた給油機から射撃航過に直接向かいました。9点状況説明はその途中で受けました。タリバン部隊がとても味方部隊に近かったので、僚機と私は二人とも照準器に味方を収めた状態で発砲しました。危険近接射撃航過をさらに何度も繰り返すと、生き残りのタリバン部隊は南へ後退し、『ハーロー 07』への銃撃も止みました。さらにタリバン部隊が態勢を立て直していた別の並木に2回航過を仕掛けてから、上空周回に移りました」

「ある周回の最中、中年男性のグループが『ハーロー 07』の隊の位置からそう遠くない複合家屋の建物から出てくるのを照準ポッドで捉えました。SIGINT［信号情報］監視員が2～3㎞以内にタリバンのC2［指揮統制］らしい施設があると言ってきたの

新たな任務への発進直前、離陸前の最終チェックを滑走路の端で行なう第75EFSの2機のA-10。2010～11年にヘルマンド州で数多くの戦闘が発生したため、A-10のTIC状況への対応時間は大幅に短縮され、カンダハル飛行場の近さにより現場滞空時間は増加した。手前機の機首に9発の爆弾のシルエットが小さく描かれているのに注意。(USAF)

2005年に米陸軍に、2009年に米海兵隊に導入された高機動砲兵ロケットシステム（HIMARS）はC-130で輸送可能な軽多弾ロケット発射システムで、最大飛翔距離70㎞のGPS誘導ロケットを装備し、子弾または90㎏単弾頭を搭載できた。写真は2013年6月、ウィスコンシン州兵陸軍第121野戦砲兵第1大隊B砲兵中隊によるアフガニスタンでの発射任務時のもの。（US Army）

で、私はこれを目視で確認することになりました。まもなく地上から、その建物は間違いなくC2複合施設だと判定してきました。私がパスした9点情報説明がCAOCで確認されたので、500ポンドGBU-38(V)5型を1発使って叩きました。建物は破壊され、SIGINT監視員が例の通信が止まったのを確認しました」

「このTICを皮切りに、第75EFSはヘルマンドでこの種の戦闘に90日間ぶっ通しで対応することになりました」

　殊勲飛行十字章受章につながる飛行から数週間後の10月31日、ペイラン中尉は今度は夜間作戦のため空に上がっていた。A-10の2機編隊が命じられたのは分散作戦で、2機の「ホッグ」は2名の異なるJTACを支援することになっていた。この種の任務では各機が10～15㎞離れることもよくあり、A-10のペアはどちらのJTACも支援できるものの、個別に周回飛行できるだけの距離は充分あった。こうした「スプリット作戦」では先導機と僚機はそれぞれ別のJTACと話せた。各パイロットは異なる周波数で交信したが、もちろん互いに会話も可能だったし、SADL〔状況データリンク〕で接続されていた。ペイラン中尉はこう語ってくれた。

「私のJTACは20人ぐらいの米兵と一緒に地上にいて、時間は夜遅くでした。私はパトロールを終えてFOBへ移動する彼らを追って、照準ポッドを操作してました。前方に待ち伏せしている脅威がいないか、スナイパーで上空から監視してたんです。私のJTACはROVER［遠隔操作式ビデオ増幅受信機］を持っていて、ルート上のある複合家屋をポッドで見てくれと言ってきました。以前そっちの方から撃たれたことがあるそうで、確認しておきたいとのことでした。15分から20分見ましたが、ヤギ1匹見あたりませんでした」

「その地域を見ていると、地上部隊がポッドに追いついてきました。彼らは複合家屋の近くで止まると休憩し、そこから約20m西の林のなかに座り込みました。私はポッドで彼らのいる周辺や側面を見て、それからまた複合家屋へと目を移しました。その時、先導機から通信が入り、射撃任務用のグリッドのコピーを準備しろと言ってきました。陸軍がHIMARS［高機動砲兵ロケットシステム］攻撃をしようとしてるから、君はその着弾点から5㎞離れていろと言われました。普通だとミサイルはこっちより高く撃ち上げられるので私たちは円軌道から出ないように飛び、頭上をミサイルが目標に向かって飛んでくんです。これはよくあることでした」

「砲撃作戦のグリッドがパスされてきたので、自機の航法システムにそれを入力しました。そのあいだもポッドは兵隊に向いてました。もらったHIMARS作戦用の座標にポッドをスレイヴさせたところ、それまで20分私が見ていた複合家屋にポッドがすっと戻ったんです。そこは地上部隊からたった20mしか離れてませんでした」

「『変だな。グリッドを入力し間違えたのかな』と思いました。そこで先導機にもう一度グリッドをパスしてくださいと頼みました。再入力したんですが、やっぱりさっきの複合家屋です。すぐ近くにアメリカ兵がいるだけじゃなく、誰もそこから撃ってません。まったく平穏です。私には先導機とHIMARSの指揮部門との会話は聞こえませんでした。先導機は米軍部隊と着弾点が近いと私が報告したと言いましたが、彼への返事は、陸軍は味方のことは考慮ずみだが、すでに発射許可が出ているでした。となると私は邪魔にならないよう、どかなきゃなりません」

「私はグリッドへ戻って、もう一度兵隊がいるのを確認してから、私はどきません、連中に発射作戦を中止させてくださいと先導機に言いました。私がどいてしまったら、アメリカ人が殺されてしまいます。射撃について先方が確認したところ、その前のパトロール隊があの地域で何かあった場合に備えてオンコール攻撃の形で射撃任務を砲兵隊に頼んでいたことがわかりました［支援対象だったパトロール隊のJTACからのペイラン中尉へのコールが、それ以前に要請されていたHIMARS攻撃へのゴーサインだとうっかり誤解されていた］。結局のところ、何時間も前にグリッドをパスしたJTACと、その要請を『もし何かあったら、すぐに撃て』という意味に取っていた射撃統制所との連絡齟齬だったんです。この件でも別に褒められたりしませんでした。こんなのはA-10パイロットとしての鍛錬のうちですからね」

ヘルマンド州の掃討

CLEARING HELMAND

2009年中、ISAFはヘルマンド川渓谷からタリバンと反政府武装勢力を排除することに全力を注いでいた。CJSOTFは本地域における戦場形成作戦を担任したが、その最大の仕事は戦場の下地ならしをし、敵戦闘員を可能な限り排除することだった。この戦略で要となるのは渓谷の各地に8～30kmごとに設けられていたCJSOTFの複合施設だった。タリバンが複合施設を圧倒するには必ず開けた土地を通らなければならないため、一度複合施設が設置されると、そこに配置されたチームは戦闘を仕掛けに赴く必要がなくなり、外部を制圧するだけでよくなった。やがてCJSOTFの基地でカバーされた地域が拡大し、全体が一つになるはずだった。

戦場の形成は2010年秋もまだ進行中で、ヘルマンド川渓谷上空を日々の任務で飛ぶ第75EFSのパイロットの真下でそれは起こっていた。

2011年1月初旬、戦場改変プロセスの一環としてカンダハルの北方地域にいた米海兵隊と英陸軍部隊が激しい対空機銃の射撃を受けた。これは多国籍軍部隊を狙って周辺を移動しつづけていた対空兵器と思われ、それまで戦闘が終わるたびに厳重に擬装されていたのだった。英軍アパッチなどのヘリコプター部隊が撃たれたり、コンボイから犠牲者が出ることも何度もあった。「ホーグ61」に搭乗していたカヴァゾス大尉はそうした兵器がいると思われる地域で通常の統合戦術航空攻撃要求（JTAR）対応を命じられた。彼はその時のことをこう語ってくれた。

「私たちが飛んでいた場所の約8km先でイギリス陸軍のコンボイが1門の『重機関銃』に射撃され、車両が数台破壊されてました。これでその地域で大型火器が1門活動していることが確実になりました。離陸した私たちがJTACにチェックインしたところ、そこでは何も起こってませんでした。自機のスキャンパターンを調べて、その時見ていた町よりあと約7km北なのがわかりました。ある小さな村の真ん中に人だかりができてるのが見えました。普段そんなことはないので奇妙に思いました。高度を維持したままエンジンを絞って音を小さくしました」

「真上に着いてみると、その人たちは大きな長い円筒を載せたトレーラーのまわりに集まってるのがわかりました。ポッドのスイッチをEO［電子光学］からIR［赤外線］に切り替えたところ、瞬時にその円筒がすごく熱いことがわかりました。地上部隊の指揮官に何かとんでもない物を発見してしまったみたいだと言いました。DASC［直接航空支援センター、米海兵隊の主力航空指揮統制局で、地上部隊を直接支援する航空作戦を統括している指揮所］に状況を伝え、仕事のための空域を要求すると、許可されました。低空高速航過を1度行なって、そいつが車台に約2.5mの砲を載せた重対空火器だと識別しました。これがイギリス軍のコンボイを撃った砲かどうかを確認する方法はありませんでしたが、そこは待ち伏せ攻撃があった場所から5kmほどしか離れていませんでした」

「地上部隊指揮官とDASCに最新状況を報告し、自分が発見したものを説明しました。その時、同じ空域で対空砲を探していた2機のトーネードGR4ともう少しで衝突しそうになりました。DASCのオペレーターは1人だけで作業してたので仕事が多すぎ、こなしきれてませんでした。私はFAC（A）有資格者だったので、代わりにその空域を仕切りましょうかと提案しました。彼はすぐ同意し、その地域にいた全員の周波数を教えてくれました。それから私はDASCの代わりに周辺空域にいたすべての航空部隊の管制をしました」

「地上部隊指揮官の話によれば、上の司令部が例の対空砲が居座ってる戦闘区域を『管轄』してないため、そいつを吹き飛ばす許可を君に出す気がないということでした。私は飛ぶ時はいつも地上部隊指揮官とJTACの全員と、それまで使ったことがある全周波数のリストを持ってたんで、その人たちがヘルマンド川渓谷のどの辺にいるのか大体見当がつきました。なのですぐ周波数のザッピングを始め、こいつをぶっ飛ばすのに賛成してくれる指揮官を見つけようとしました。PID［能動識別］が問題になることはわかってたので、DASCに頼んでIRC［インターネット中継チャ

ヘルマンド州で付近に敵の活動はないか監視する海兵隊特殊作戦チーム（MSOT）隊員。海兵隊員が銃を構える台にしているのはポラリス・スポーツマンXP850全地形車両。MSOTはアフガニスタンの南部でも北部でもA-10からCASを受ける上得意先だった。
(US Marine Corps)

南部地域コマンドの支援作戦のためアフガニスタン南部を飛行する第75EFSのA-10C、80-0208。本機はスナイパー照準ポッド1基、GBU-12型500ポンドLGB2発、LAU-131ロケットランチャー1基、SUU-25フレアディスペンサー1基、そしてGBU-38型JDAMを少なくとも1発搭載している。「ホッグ」の眼下に多数見えるのは、アフガニスタンのこの地方ではごくありふれた塀で囲まれた小規模な複合家屋。(USAF)

ット］経由で私が見たのが確かに対空砲だということを確認できる航空機が欲しいというリクエストを中継してもらいました。頼んだのはUAVです。彼らはどうにか1機を見つけてきましたが、そのRQ-11レイヴンは私が必要とするだけの地上部隊指揮官との通信ができませんでした。それでも私はその地域にいたSEALチームを見つけ出しました。その地上部隊指揮官は『トライデント6』といい、彼はもし自分がPIDできたら喜んで『爆弾を発注』するよと言ってくれました」

「もう辺りは暗くなってましたが、西の空にはまだ少し残照が残ってました。でもどんな作戦行動をするにも暗すぎました。それでも私は自分のVDL［ビデオ・ダウンリンク］とROVERフィードを『トライデント6』に送信しました。スロットルをアイドルへ引いて低アイドル降下をしましたが、2㎞もない降下距離ですべてがもの凄くはっきりと見えました。ほとんど完璧でした。対空砲も見えました。ZPU-1、14.5㎜砲で、2人のタリバンが操作してました。直ちに『トライデント6』はこれは確かに対空砲であるというPIDを私に与えると、無線機を部隊のJTACに手渡し、JTACは私に待機を命じました。30㎜砲使用の許可手続きを皆とやってるあいだに、私はPID情報を僚機にパスしました。僚機はNVGを持ってないと答えました。その瞬間、彼がZPU-1をノックアウトするのにほとんど役に立たないことが確定しました。彼は照準ポッドで私を手伝えたので、そうしました」

「見ていたところ、2人のタリバン戦士はタイヤつきの大砲を村から動かし始めました。これは助かりました。彼らがいたのはモスクのすぐ近くだったんで、これでもう副次被害を心配しなくて良くなりました。まだ攻撃許可が出てなかったので、モスクのなかへ移動されたらまずいなと気にしてたんです。かわりに連中は砲をヘルマンド川渓谷の方へ引っ張っていきました。私が攻撃位置に滑り込むと、2人は砲を離れて村の方へ歩いて戻り始めました。これは困りました。砲を攻撃しかったのはもちろんですが、

その操作方法を知ってる2人も撃ちたかったからです。そこで夜間2目標射撃航過をすることにしました。輝点《スパークル》［NVGだと見える赤外線レーザー］を連中の位置に合わせて撃ってから、対空砲の方へ旋回しました。どちらも命中しましたが、砲のほうは30㎜弾で撃っただけでは不充分だと思いました。完全に破壊しておきたかったんです。とりあえずVDLをつなぎっ放しにして、『トライデント6』に標的付近に副次被害の問題がないことがわかるようにしました」

「2度目の射撃航過をしに戻る途中、最初の航過でその対空砲の弾薬がたくさん置かれた場所に命中弾があったのが見えました。HEI［焼夷榴弾］が何度も弾けるのが見え、その火が14.5㎜砲弾に引火し始めました。ZPU-1の位置はわかりましたが、火災の眩しさでHUDのIR輝点が飛びました。『トライデント6』がGBU-12の投下許可を1発分取ってくるまでに、修正射撃航過を2～3度しました。その時私は戦術的ミスを犯しました。旋回して戻ってからZPU-1にLGBを投下したんですが、レーザー誘導爆弾で狙った場所が激しい火災に近すぎて、レーザーエネルギーが負けてしまったんです。誘導を失った爆弾が10m手前に落ちたので、私は戻ってGBU-38の投下を要求しました。もうひと旋回し終わったところで投下許可が出ました。JDAMは砲に命中し、完全に破壊しました」

「このZPU-1をやっつけるのに賛成してくれる地上部隊指揮官を見つけるのに、たっぷり45分はかかりました。それから使った兵装――LGBとGBU-38――が多すぎると上官たちが考えたせいで、ちょっと面倒なことになりました。あの状況ではGBUを先に使うべきでした。とはいえその日の終わり、例の重火器が味方部隊を撃つことはもう二度とありませんでした」

あの山を越えろ

ANOTHER MOUNTAIN TO CLEAR

A-10の戦場生存性を高めていた重要な要因のひとつが、双発のジェネラルエレクトリックTF34-GE-100ターボファンエンジンの独特な配置だった。胴体後部の高い位置に取り付けられていたおかげで異物吸入の危険性が低減し、両方のエンジンが一度に対空砲火でやられる確率が低くなっていた。TF34エンジンは地上員による整備と弾薬補給の最中も回しつづけておけたので、再出撃までの時間も短縮された。エンジン支持架は4本のボルトでA-10の機体に結合されていた。本エンジンは赤外線放射も比較的少なく、排気噴射が水平尾翼の上方を抜けるため、赤外線式地対空ミサイルも命中しにくくなっていた。

A-10は「砂漠の嵐」、「同盟の力」、「イラクの自由」作戦などの実戦で幾度もエンジンにミサイルを被弾していたが、いつも地上に無事帰還していた。A-10の独特なエンジン配置のおかげで命拾いをしたパイロットはかなりいた。カヴァゾス大尉もそのひとりで、そのいきさつを語ってくれた。

「ペイラン中尉と私はTIC任務を再指示されました。そこでは軍種の違う2個の部隊がいました。SEAL部隊が1個に、米空軍のSTS［特殊戦法飛行隊］部隊を連れた陸軍レンジャー分隊1個で、狙撃兵から銃撃を受けていました。両部隊は互いに無線で連絡を取り合っていて、発砲地点は標高3,500mのある山の2,400mあたりの岩場だろうと絞り込んでました。狙撃兵は見えなかったものの、弾丸がその辺から飛んでくるのは確認できてたんです。Mk.82空中破裂爆弾はその前のTIC任務で使い切ってました。残っていた爆弾はGBU-12だけで、LGBをうまく当てられる率は大してありませんでした。代わりに30㎜でその辺りを掃射することにしました。私たちは機関砲攻撃を渓谷に仕掛けました。1度撃ってからまた戻って、最初の1航過で岩場の半分を掃射しました」

「第2航過でトリガーを放したとたん、主警告灯が点滅し始めました。コクピットに目を落とすと、左エンジン関係の段の表示が全部光ってました。光る物は残らず点いてました。目標地域から離脱しつづけたところ、左エンジンの回転数が20RPMを切りました。それでこのエンジンがオシャカになったことがわかりました。機首が地平線に近づいてたので、左エンジンの消火ハンドルがオンになってるのを確認し、それでエンジン関係の表示灯が確かに正常で、TF34が本当に火災を起こしているのがわかりました」

「その頃にはさっきの地域から完全に離脱し、機首の角度は30度上向きでした。速度の余裕分で少しでも高度を稼ごうとしたのですが、これは周りを高い山に囲まれてたからです。エンジン回転数はゼロで、エンジン温度計は一番高いところで止まってました。エンジンは故障すると空回りするのが普通なんですが、この時は完全に止まってました。全然回転してなかったんです。それで不時着しても岩にぶつからずに脱出できる谷の唯一の場所に向かわせました。搭載兵装をすべて――GBU-12が2発、ロケット弾ポッドが1基、マヴェリックミサイルが2発です――投棄する

乗機のA-10Cの飛行前点検で、GBU-12の誘導フィンの取り付け状態を確認する第75EFSのヤン・マラール少佐。マラール少佐はかつてOEFでミラージュ 2000を飛ばしていたフランス空軍パイロットで、その2度目のアフガニスタン勤務では米空軍との交換派遣のため第75EFSに配属された。カンダハルでマラール少佐は90回の戦闘任務を実施し、その総飛行時間はおよそ400時間だった。（USAF）

ことも可能でしたが、下には味方部隊が複数いて、それに谷には一般人の家々もありました。地上の友軍に自分の搭載兵装が当たったりしたら死んでも死にきれませんから、飛びつづけて少しでも高度を稼ごうとしました」

「尾根に近づいたところ、稜線が下がっていかないのを見て、これは飛び越えられないと思いました。生まれて初めて左右の射出ハンドルに両手をかけ、脱出に備えました。自分が何をしようとしてるのか、ちゃんと分かっているのか確かめるため、もう数秒こらえました」

「この時、ペイラン中尉が射撃航過を終え、JTACがやったぞ、命中だとコールしてました。誰も私の機に何が起こっているか知りませんでした。振り返るとエンジンが煙を曳いてるのが見えました。HUD越しに前方の稜線がほんのちょっと下がり始めたのが見え、これなら上手く運動エネルギーをやり繰りすれば何とか山を越えられるぞと思いました。私は機体を棄てないことにしました。尾根の上を越えた時、レーダー高度計は12mを記録しました。山の反対側に出ると、私は操縦桿を前に倒し、高度を対気速度に換え始めました。その時になってようやく私は僚機にコールし、何が起こっているかを話しました。また各地上部隊にもチェックインし、彼らがもう狙撃されてないのを確認しました」

「これで目の前の危険は完全にクリアできたので、機体をカンダハルの方に向けました。1時間も飛べば戻れます。この時点でやっとエンジンをシャットダウンできるようになりました。それより前にそうしなかったのは、燃えてはいてもエンジンがまだ推力を生み出していたからです。山を越すには推力を少しでも増やす必要がありました。僚機が戦闘損傷チェックをしてくれました。エンジンが燃え尽きてたんで、カンダハルに近づいたところで基地の南の地域に兵装を投棄することに決めました。もし兵装を捨てなかったら、滑走路のずっと手前に不時着してたでしょう。右の主翼を下げて風下にもっていくと、方向舵を少し緩められるようになりました。最終アプローチで態勢を整えた時、脚を緊急脚下げで出さなければならなかったのは、A-10は左エンジンからすべての脚を下ろす動力を取ってるからです。脚が完全に出ると、TIC任務に向かうはずなのにA-10が2機、私のために滑走路を空けて待ってくれてるのが見えました」

「着陸後、エンジンをじっくり観察したり、部品を外して確認することができました。カウリングにはファンブレードが打ち抜いた穴が一つだけ開いてました。次の日、私は同じ機体で飛んだんです！　整備員が新品のエンジンを取り付けてくれたんで、『ホッグ』は復活しました。エンジンが胴体の外側に付いていたおかげで、機体と、そしてたぶん私も助かったんです」

よく使い込まれた様子の「ホッグ」。第340海外派遣空中給油飛行隊のKC-135ストラトタンカーから離脱するこの第75EFSのA-10は2011年2月26日に撮影された。搭載兵装のすべてと、6ヵ月近くにわたりほぼ途切れることなく継続したアフガニスタンでの戦闘でついた汚れや煤がよく見える。2011年3月の展開終了にともなう同飛行隊の米本土帰還が数日遅れたのは、リビアで実施された「オデッセイの夜明け」作戦のために空中給油機が確保できなかったからだった。(USAF)

カンダハルのラッシュアワー
RUSH HOUR IN KANDAHAR

第75EFSのパイロット、トーマス・ハーニー大尉はこの4年余りで3度目となるアフガニスタン勤務で、2010年9月に部隊とともに戦地に到着した。以前の2度の派遣での任地はバグラームだった。カンダハルでの駐留期間中に体験した戦闘の激しさは彼にとって驚きだったが、OEFのこの重要な時期に部隊がこの新たなA-10基地で活動できたことがハーニー大尉には嬉しかったという。彼はこう語ってくれた。

「カンダハルに着いた時、私たちはずっとここにいたような気がしました。物事は本当にてきぱきと進み、作戦テンポが高いまま、以前ならスローダウンするのが常だった冬に入りました。ヘルマンドで活動していたSOF部隊の支援が主な仕事だった飛行隊は、11月だけで30㎜砲弾を64,000発ほど撃ちました。これは毎日2機の『ホッグ』が『ウィンチェスター［搭載弾を撃ち尽くすこと］』してたのに相当します！　アフガニスタン南部での多国籍軍の進撃は、まず先行するSOFが場所を選んで戦闘を開始し、海兵隊とイギリス軍の通常部隊が後続して、タリバンをカジャキ・ダム地域まで追い詰めました。私たちが引き揚げる頃に戦闘が起きていたのが、そこです」

「カジャキ付近では何度も夜間浸透作戦を支援しました。特殊部隊がヘリで着陸した時でも見たことがないほど、小火器とRPGの対空砲火が撃ち上げられることが何度もありました。もの凄い激しさでした。アフガニスタン南部の最終拠点だったみたいです。バグラームだとあった『ホッグ』の速度制限なんかは、カンダハルでは全部なくなってました。離陸から数分でカジャキ地区やヘルマンド渓谷のどこにでも到着できました。つまり戻るのに必要な燃料は最少限でいいわけで、地上部隊の上空に2時間半滞空するのも余裕でした。給油機の支援も利用できるのが普通で、カンダハルへ戻るまで長居することもできました」

「MARSOC部隊との仕事がとても多かったですが、アルガンダブ川周辺にいた普通の陸軍とも仕事をしました。そこはカンダハルの西にあったタリバンの拠点です。私たちが進撃してその地域を安定化しようとすると、タリバンはISAF部隊にその任務をやらせまいとしてきました。FOBが次々に構築され、この地域で日々戦線が拡大してくのを、私はA-10のコクピットから眺めてました。無人地帯への進出につづき、さらに多くの陸軍の通常部隊などがカンダハルの大通りを誰にも妨げられずに進むさまは壮観でした」

「増派部隊が増えると、当然ながら考えうるあらゆる方法で戦闘を支援する飛行機の数も増えました。2011年1月のある作戦では、カンダハル周辺の空域がどれほど過密になっていたかがよくわかりました。私は僚機のデイヴィッド・クレメンテ中尉と発進し、陸軍の通常部隊のJTACの支援に向かいました」

「いつもなら私たちはカンダハル南方のレッド砂漠で上空待機をします。ここからだとその空域に入るのに自分で隙間を見つけなきゃならないんです。しかもその日は飛行機が高度1,500mから7,800mまで300m刻みでぎゅうぎゅう詰めだったんです。滅茶苦茶ですよ！　結局TOC［戦術作戦センター］に頼んで、レーダー画面に映ってる飛行機で、私と僚機に関係のある機がどこにいのるか教えてもらいました。TOCの連中が飛行機の管制でてんてこ舞いしていることもよくあって、私が自分でカンダハルの統制官に帰還や発進の時にコールを入れて、向こうのレーダーに高度何々の飛行機が映ってるかと聞かなきゃならないこともありました。そのうちニーボードのカードに細かくブロック名とそこにいる機のコールサインを書き取るようにしました。それから誰もいないブロックを見つけて僚機と行くようにしました。それから、もしキネティックな［兵装使用の必要性がある］事態になった場合、TOCにコールして一部の参戦プレーヤー、特に低高度の空域ブロックにいることが多いUAVにご退場願ったこともあります。爆弾投下や機関砲発射の必要性がある場合は、レッド砂漠からUAVを追い出して、ドローンに突っ込む心配をせずに仕事ができるようにしなきゃなりませんでした」

「ある馴染みのJTACからコールがあり、既知の主補給ルートにIEDを仕掛けようとしてる男がいるのをFOBが発見したとのことでした。私たちがその地域の上空に行くまで、そこにはOH-58カイオワが貼りつき、その男を監視してました。そいつがIEDを仕掛けてるのは確かで、OEFのあらゆる交戦規定で敵性と判定される条件を満たしてました。私たちは下を飛んでいたUAVとMC-12リバティーISR偵察機を全機どかし始め、目標がはっきり見えるようにしました。カイオワが近づくとその男は逃げ出し、近くの並木の溝に隠れようとしました。私たちがカイオワの周波数に入ると、ヘリはその男のほぼ直上でホバリングしながら、男が隠れてたドンピシャの場所に発煙弾を投下しました。カイオワ

カンダハル南方のレッド砂漠上空をKC-135給油機へと向かう第74EFSのA-10C。カンダハルでのA-10の作戦は大半がこの地域で開始され、パイロットたちは機体を満タンにすると、支援を命じられたTIC現場へのルートを策定した。第74EFSは16機のA-10Cで展開していたが、さらに2機の追加機を帰還する姉妹部隊（第75EFS）から預かり、戦地での運用安定を図っていた。(USAF)

の連中は凄くって、いつでも戦いの真っ只中にいました」

「爆弾投下の許可が下りました。全体的な流れとしては、まず攻撃開始点へ行ってWPロケット1発で目標をマークしますが、この時点でもう発煙弾の投下許可はもらってました。クレメンテ中尉がJTACからロケット位置について修正を聞いて掃射しましたが、これはその地域にあったたくさんの並木がどれも同じに見えたからです。私たちは位置に着き、私がWPを落とそうと航過準備をしていたところ、白い輸送ヘリが右から左へ私の方へ飛んで来たんです。もし攻撃をつづけてれば、そいつに当たっていたでしょう。私はヘリの上を飛び越し、僚機に見たことを話すと彼も上昇しました。それから下りて正しい高度に戻り、攻撃位置に着いてロケット弾を発射しました。そのすぐあと僚機が攻撃位置に着いて射撃を決め、男をやっつけました。カイオワの搭乗員がそれを確認しました。私たちはIEDにマークをつけるため現場に留まり、そこを離れる頃にはEOD［爆発物処理］チームがもう到着してました」

2011年3月、やはりムーディ空軍基地から来た第74EFSが到着し、第75EFSと交代した。「タイガーシャークス」が果たしていた役割を引き継いだ新部隊、「フライングタイガース」は「戦いの季節」である夏が終わるまで戦地にいた。到着した第74EFSのパイロットたちにとり、アフガニスタンのカンダハルはまさにA-10パイロットのための晴れ舞台だった。「フルスロットル」の戦いの真っ最中だったヘルマンド渓谷は本機のために特別に仕立てられた戦場のようで、空軍基地のすぐ近くで多数の戦闘が発生していた。

TICは事前計画された作戦にできるだけ早く対応できるよう、多くのA-10パイロットがカンダハルから離陸するとすぐに急速旋回上昇しなければならなくなった。このため彼らは兵装チェックと照準ポッドの動作点検を終えると、すぐ基地から上がっていくような有様だった。目標地域までの飛行時間が非常に短かったため、各種装備の点検を途中で行なう暇がなかったのである。慌ただしい戦闘作戦のペースは同部隊の戦地展開期間の大部分つづいた。事実、やっとペースが落ちたのは6ヵ月間の展開期間の終了間際で、米軍とISAFの部隊がヘルマンド渓谷で広大な地域を奪還した時だった。

「ホッグ」を飛ばすという仕事は単純明快だったが、カンダハルでの生活は非日常とありえない事の渾沌だった。飛行場それ自体では、時と場合によりフットボール場になったりローラーホッケー場になったりする施設を囲んで「板敷歩道《ボードウォーク》」と呼ばれる商店街があり、物販店と食堂が建ち並んでいた。スターバックス、TGI

アフガニスタンの地表を覆う自然林のすぐ上まで降下して武装偵察任務を行なうOH-58カイオワヘリコプター。カイオワの武装は.50口径〔12.7㎜〕機銃1門とロケット弾ポッド1基である。カイオワ搭乗員が敵に銃撃される事例は多く、OEF中に多大な損害を出している。その一例が発生したのは2011年4月22日で、テールブームにRPGが命中して撃墜されている。
(US Army)

フライデーズ、ティムホートンズなどの外食チェーン店、そして地元の個人商店が米軍と多国籍軍の兵士用アウトレットとして営業していた。スムージーでも、大画面テレビでも、安物の絨毯や宝石でも、そこでは何でも買えた。基地の反対側に行く途中——かなりの距離を歩かねばならない移動——で、A-10パイロットたちがスターバックスに立ち寄り、戦闘作戦に行く前にコーヒーを何杯か飲むこともしょっちゅうだった。

2011年に「フライングタイガース」の一員として初のアフガニスタン展開を経験したクリス・パーマー中尉は、カンダハル周辺で生活し、移動することの苦労を語ってくれた。

「私たちの作戦ビルは基地の西側にあったんですが、宿舎は東側でした。基地では通勤バスで長い距離を移動しなければならず、乗車時間が30分を超すこともざらでした。何よりそれが基地で一番しんどいことでした。歩くのは無理で、バスの運行時間は私たちのことを全然考えてないみたいだったんで、仕方なく2～3時間早く仕事に出なければなりませんでした。作戦ビルへの行き帰りにANAの複合施設の横を通るんですが、アフガン兵がいつも外にいて私たちが通り過ぎるのをじろじろ見るんで、落ち着きませんでした。あの連中はどうも信用できませんでした」

「毎週金曜に私たちは『増派』をしてたんですが、これはもう2便［哨戒を］飛ぶという意味です。進行中の作戦の規模はどんどん大きくなっていて、特にあちこちでFOBが建設されてました。ある日飛んでみたら、道路の整地をしてるとします。数日後に同じ場所を飛んでみると、障害物で囲まれたFOBができていて、MRAP車両がなかにいます。進出行動は大抵夜にやるんです。あの夏、夜間に飛んだ便のほとんどは任務部隊の支援でした」

「私の初めての戦闘ソーティは3月22日でした。ある任務部隊の支援です。事実、カンダハルに来てから最初の2ヵ月は夜しか飛びませんでした。昼間は寝てたんで、本当はどんな景色なのか知りませんでした。ブリーフィングでは自分がどこに行くのかわからないのが普通でしたが、私たちなりの定石の夜間戦術で行き、CJSOTFから射撃計画をもらっては待機しました。突然何かが起こるのが普通で、それで即出動です。私たちにはCJSOTF支援専用の通信回線があり、それで任務情報のほとんどがパスされました。灯火管制状態で飛んで、まず給油機に寄って機体を満タンにします。カンダハルは夜でもすごく暑いんで、爆弾と機関砲弾を目一杯積んで飛ぶには燃料をたくさんダウンロードしなきゃなりませんでした。普段積んでたのはJDAMとロケット弾が各3発、照準ポッドとLUU-19フレア用のSUU-25ディスペンサーが1基ずつでした」

「全体の流れは、まず現場上空に全プレーヤーが重なって集合します。最初は脇に控えて、目標から20㎞ぐらいを保ちます。タリバンらしい武装勢力は村のどこかの建物に立てこもってるのが普通でした。だから目標に『火を点け［警戒させ］』ないようにするんです。で、私たちの真下にAC-130ガンシップが来て、上にISR〔情報監視偵察〕機——SIGINTとUAV——が来ます。CJSOTFがこれから任務を行なう場所から、全員がJOC［統合作戦センター］と話します。JOCの統制官たちは各機の照準ポッドからリアルタイムで映像をダウンロードできます。全機に指示するJTACは1人でした」

「ヘリに乗った作戦部隊はやって来ると直ちに目標に浸透を開始します。彼らは村の真ん中に着陸し、まっすぐ敵のいる建物に向かいます。作戦のこの瞬間は誰にとっても凄くスリリングでした。なぜなら大抵その時にあらゆることが起きたからです。私たちは下方監視をしますが、夜間なので機関砲を撃ったり、兵装を投下したりすることはほとんどなくて、それはAC-130やアパッチも同じです。彼らのほうが射撃の主役っぽく思われるかもしれませんが、投入された兵隊たちのお気に入りは私たちのLUU-19で、特に彼らがLZ［着陸地帯］に到着してからがそうでした。こういうのは4～5時間のソーティで、私たちは3時間滞空しました。離脱命令を受領すると、チームは徒歩で村を出ます。これがヘリ部隊が作戦で一番危険な時で、なぜならヘリが来るのは敵にバレバレだからです。幸いあの国には当時、突入部隊とヘリを上空援護する飛行機が山ほどありました」

堕ちた天使

FALLEN ANGEL

パーマー中尉にとって最も記憶に残る任務は2011年4月22～23日の夜のもので、その時彼は「ホーグ71」編隊の一員として、飛行隊の兵器担当士官ラストン・トレイナム大尉の僚機を務めていた。両パイロットはA-10を飛ばす度に本機の能力をこれでもかと示していた。パーマー中尉はこう語ってくれた。

「離陸したところ、いきなりスライマン山地のコースト盆地での浸透作戦の支援を命じられました。そこに行くのには給油が必要で、給油機にくっついてる時にちょっとした悪天候を乗り切らなきゃなりませんでした。おかげで給油が長引き、浸透作戦に間に合うよう、指定の場所まですっ飛ばすことになりました。実を言うと、時間に遅れないように給油しながら給油機にも一緒にそっちの方へ飛んでもらったんです」

「その時の浸透作戦は味方の地上部隊が大体50～60人で、目標地域は2ヵ所でした。ただそれは200mぐらいしか離れてなくて、基本的に同じ場所でした。部隊が突入すると、大勢の人間が目標地域から地形の険しい渓谷に逃げていきました。私たちは味方部隊を守るのと同時に、逃げてく連中を追尾しなければなりませんでした。現場には『スクワーター』の追尾を手伝ってくれる航空機がたくさんいて、IR輝点をアパッチや［米空軍特殊作戦コマンドの］U-28のために照射してました」

「任務開始から2時間半後、州軍［の航空機非常事態］周波数で、あるFOBから北に飛んでいたOH-58が1機墜落したというコールがありました。コールはF-15Eストライクイーグル2機からなる『デュード』編隊からでした。内容は『A-10パイロットでSANDY適格者［捜索手順、生存者の位置および状態確認、ヘリコプター支援戦術の専門訓練を受け、その資格を取得した者］がいれば、直ちにこの周波数で本コールサインに応答してくれ』でした。明らかに緊急事態でした」

165km彼方、カブール北東のカピサ州ガマンドゥークの町で、1機のOH-58カイオワウォリアーがRPGで撃墜されていた（別の資料によれば、同ヘリはふたつの山のあいだに張られていた電線に接触したという）。パーマー中尉は現場に留まり、高価値目標である「スクワーター」への対応を手伝った。U-28に支援されながら自機のIRポインターで敵を追尾したパーマーは、アパッチの射撃航過のために敵をマーク指示できた。彼がカンダハルに帰還したのは7時間半後だった。以下はトレイナム大尉の回想である。

「私が最初にしたのは、パーマー中尉をそっちへ単独で向かわせる許可を支援していたJTACからもらうことでした。JTACの許可が下りると、すぐ私はASOC、JOC、JPRC［統合人員救難センター］、CRC［統制情報センター］にコンタクトし、情報を集め始めました。あまりたくさんは仕入れられませんでしたが、私はこれらの組織間の連絡を取り持ち、協力するよう任務を変更されました。それから別のA-10の2機編隊をヘリの撃墜現場上空で私と合流できるよう手配しました」

毎日離陸すること15便、週7日、駐機場と格納庫では常に整備が行なわれていた。米国本土では24機編成の飛行隊が飛ぶのは年に約7,000時間が普通だった。6ヵ月間のアフガニスタン展開では12～18機からなる飛行隊の多くが飛行時間10,000時間を超え、機齢30年の機体に鞭打っていた。写真は出撃前の最終準備を行なう第74EFSの所属機で、2011年9月2日の撮影。（USAF）

弾薬搭載システム、別名「ドラゴン」はA-10の駐機場でもっとも重要な装備の一つだった。これは空薬莢の回収と新しい30㎜弾の搭載を同時にできるため、機体は速やかに次の任務の準備を整えられた。写真のA-10C（78-0688）は2010年9月に第75FS機としてカンダハルに展開し、同部隊が翌年3月に帰還したあとも残留して第74FSに使われた6機のうちの1機だった。（USAF）

「行く途中でわかったのは、ASOCとCRCが作戦地域を航空機で一杯にしようとしてるのに、どの機も『統制下』にないことでした。私は州軍周波数を使って各機を管制し、必要な航空機が揃うようにしました。そこが誰が現場を取り仕切っているのか分かっていない飛行機だらけなのがハッキリしてきました。CRCが知ってただけで、B-1が1機、ストライクイーグルの編隊、有人や無人のISR偵察機なんかがいました。CRCに全部の飛行機を移動すべき場所を指示し、私がCSAR［戦闘間捜索救難］活動を適切に統制できるようにしようとしました。ところが彼らは皆を移動させるのに反対で、自分たちがこうあるべきと思うやり方で仕切ることにしてしまったんです。それで私は州軍周波数に入って、各機に必要な場所に行ってもらいました」

「私はB-1を移動させ、私たちを支援してもらうための給油機を入れて活動用の高度ブロックを割り当て、割り当てる空域がない有人ISR機を2～3機追い出しました。その時点でCRCがストライクイーグル隊に去るよう命令したんですが、F-15Eは照準ポッドでOH-58を捉えてたんで、墜落したヘリのSA〔状況把握〕に最適だったんです。CRCは私のしていたことを快く思ってませんでした。確かに自分の職域を逸脱した行動でしたが、正当な理由がありました」

「現場に着くと、くすぶっていたヘリがすぐ見つかりました。それから私とほぼ同時に到着したほかのA-10に敵の捜索を割り振りました。その地域にヘリが何機もいるのは知ってましたが、まだ連絡が取れてなかったんです。地上砲火が見え、それに応射するヘリも見えましたが、まだこの時点ではどの機とも連絡がついてませんでした。この地域の各種ヘリ全機が使ってる一般周波数を探し出し、やっと各機と話ができました。共通周波数にいたのはHH-60ペイヴホーク救難ヘリが2機、AH-64が6機から10機、

UH-60が無数で、役割を分担し始めました。全体の状況を把握するのに約30分かかりました」
「それが起こったのは、最後のHH-60が攻撃を受け、急速離脱を強いられた時です。その時初めて地上でPJ［米空軍の落下傘降下救助隊員］たちが立ち往生しているのが目に入りました。彼らが派遣されたのは私の着く前で、乗って来たヘリは撃たれたため、やむなく離脱してました。PJと連絡を取ったところ、彼らを視認でき、TRP［戦術参照点］をいくつか確認しました」
「それからまもなく、私が話していたPJが彼の位置からちょうど50m離れた大木に潜んでたタリバン兵から正確な直接射撃を受け始めました。彼の悲鳴が無線から聞こえてから30秒以内に私はその地域にWPロケット弾を撃ち込み、衝突しそうになったアパッチを避けました。ロケット発射航過のあと、銃撃は約15秒止んでからまた始まり、45秒つづきました。私が呼び寄せたA-10編隊の先導機になっていた僚機に私は後続し、そのあたりに全部で300～400発撃ち込みました。直接射撃は止みましたが、近くの川の両岸にある村のどこかからの『乱射』がつづいてました。私はアパッチに村にいる射撃者の捜索を命じましたが、これは固定翼機で『市街地』内の不特定地点を撃てば、民間人の犠牲者が出る危険性が高かったからです」
「一方、やって来る航空機は相変わらず途絶えなくて、次に現れたのはDART［墜落航空機回収チーム］を乗せたUH-60の2機編隊でした。彼らは私が使ってたヘリ共通周波数にチェックインし、これからチームを投入すると言ってきました。『絶対だめだ。地上にはPJが2人にカイオワの搭乗員たちがいるが、うち1人はもう死んでて、彼らを回収しに行ったヘリが3機撃たれている』と彼らに言いました。これ以上味方のいる場所が増えて、状況が複雑になるのはご免でした。結局DARTチームは燃料がもうビンゴだと言って帰っていきました」
「この時点で事態は沈静化しました。地上のPJたちが『乱射』が激しくなってると言ってきましたが、声にそれほど緊張感はありませんでした。それから別のDARTチームが到着しましたが、私はこれも引き返させました。それからすぐに別のヘリが『アヴァランシェ』というコールサインでチェックインしてきました。そんなコールサインは聞いたことがありませんでした。君たちは何者だと質問すると、こちらはUH-60『コムスバード』、旅団司令の搭乗機であると答えてきました。彼らには丁重に対応し、パイロットにこの地域から退去し、これ以上私に話しかけないよう頼みました。それから約15分後、周回飛行中にPJから1クリック半［1.5km］離れた川向こうから2機のUH-60が離陸するのが見えました。彼らは今DARTチームを『潜入』させたと言ってきました。すぐ私はそのDARTチームのコールサインと位置と使用周波数を聞きました。UH-60はどちらも知らないと答え、もう燃料がないからと引き揚げてしまいました！　彼らは自分が来ることを私に言わず、帰る時にちょっと話しただけでした」
「そこにさらに4機のA-10がやって来て、現場にいる機は7機になりましたが、私の機の燃料が心細くなりました。幸い先に私が手配しておいた給油機がまだ高度5,700mにいました。DARTが降下してからすぐ私は彼らの周波数を見つけようとしましたが、そこにいた陸軍ヘリも含め、誰も彼らと話す方法を知りませんでした。そこで私のスマートパックを使って、彼らの周波数を知ってそうな別のTOCを探しました。最後に連絡したのがバグラームのあるJTACで、その人が知ってました。そのあいだずっと私は給油機へ向かってました。周波数がわかると、すぐチェックインしたばかりの4機のA-10にDARTチームと話して状況がどうなってるのか聞けと命じました。私はDARTチームと直接話はせず、それはほかのA-10に任せ、自分はPJの状況把握に専念しました」
「その後わかったのは、16人のそのDARTはブラックホークから降りたとたん、激しい直接射撃を受け、2人の兵隊が瀕死の重傷を負ったということでした。4機のA-10はDARTを支援するため30㎜砲弾を4,000発撃ち、タリバン兵を足止めしました」
「その時私はKC-135のブームに取りついてましたが、まだカイオワのCSAR作業をつづけてました。同時に私はバグラームのTOCにいるJTACと話し、陸軍がその地域にパスファインダーチームを投入しようとしていると教えられました。もうこれ以上地上に味方の兵隊は要らないから、それを中止させてくれと彼に言いました。しかし陸軍は自分たちがやりたいことを止めませんでした。給油機から戻ると、PJから見て西の稜線の上にCH-47チヌークが1機見えました。『もう勘弁してくれよ』と心のなかで思いました。JTACが私の周波数をパスファインダーチームに渡していて、地上のチームにはそこのJTACがいたんで、すぐ彼らと話を始めました。彼らが最初に知りたがったのはPJの位置でした。現場にいるあいだ、ずっと私は3つの地上部隊全部が同士撃ちをせずに合流できるよう努力していましたが、これは彼らが全然違う3方向から集まって来てたからです。その頃にはUH-60がもっとたくさんやって来ていて、彼らが呼ぶところの『スピードボール（弾薬入りの背嚢）』をDARTチームに投下し、武装を再装備させました」
「手伝いに駆けつけた最初のA-10の2機編隊の僚機に乗っていたのは飛行隊の作戦指揮官で、私に帰還を命じましたが、それは私が空に上がってから9時間以上経ったあとでした」
2011年5月末にパーマー中尉は滅多に実施されることのない、A-10としては初となる作戦に動員された。「黒い樹木線」作戦がそれで、「ホッグ」は地上部隊との協同作戦のための戦場の地ならしに投入された。ある長大な樹木限界線に多数の要塞化戦闘陣地が構築されていることが判明し、来たるべき地上軍作戦で障害となることが予想された。パーマー中尉はこう語った。
「使われたのは4機のA-10で、各機がJDAMを4発搭載し、計16発の爆弾で3個の目標を攻撃しました。機体に搭乗する時にはこれから何を攻撃するのか正確に判っていたので、照準に必要な情報は予めすべて飛行機にアップロードしてました。接近するとJTACが許可を下し、私たちは最初の航過で2発ずつJDAMを投下しました。それから旋回して最後の2発を投下しました。ちょっと拍子抜けでしたが、そのあと私たちは別の任務に向かいました」

第4章

CAS部隊再編

CAS RESET

2011年10月、第74EFSは本国へ帰還し、そしてA-10部隊はすべての原点だった根拠地——バグラーム空軍基地へ戻ったのだった。「フライングタイガース」のあとを引き継いだのは全軍合同構想（TFI）の部隊で、これは現役、予備役、州軍の飛行隊員で編成され、その指揮組織は第81FSが務めるとされていた。しかし第81FSがNATO軍とともにリビアで「オデッセイの夜明け」作戦と「ユニファイド・プロテクター〔統一防護者〕」作戦に参加したため、同飛行隊がシュパングダーレムにあったわずか18機のA-10という主力航空機定数でふたつの現実紛争への任務需要に応えることは不可能になった。

「オデッセイの夜明け」作戦が3月31日に終結したにもかかわらず、イタリアのアヴィアーノ基地には10月31日の「ユニファイド・プロテクター」の完了まで即応可能機を駐留させておく必要があった。これは第81飛行隊が支援を受けるのではなく、与える側として8名のパイロットと6機のA-10をアフガニスタン展開に派遣することを意味した。第81FSからの戦力に加え、ミシガン州兵空軍のセルフリッジ州兵空軍基地の第127航空団／第107FSからは6機の、空軍予備役部隊のホワイトマン空軍基地の第442FW／第303FSとバークスデール空軍基地の第917航空団／第47FSからは各3機のA-10Cが派遣されることになった。

その4ヵ月前の2011年6月22日、合衆国はアフガニスタンからの米軍部隊の撤兵を開始するとオバマ大統領は発表していた。当初の撤兵は形ばかりの兵員650名だったが、2011年末までに10,000名の兵士が帰国させられ、増派から削減への態勢切り替えを完全にするため、さらに多くがこれにつづいた。また大統領は2014年12月31日をもって治安維持の任務を米軍部隊からアフガニスタン政府に移譲すると発表したが、これは実質的にアメリカ軍のOEF参加終了を意味していた。その結果、A-10部隊の作戦体制は再び見直されることになった。

ジョシュア・ルーデル中佐は第81FSの作戦指揮官で、シュパングダーレムからの分遣隊の指揮官だったが、同部隊はアフガニスタンに展開していた6ヵ月間のすべてを他部隊の支援に費やすことになった。最初の90日間、作戦は第107EFSの指揮下で行なわれ、その後第303EFSと第47EFSが各45日の期間、そのあとを継いだ。

展開の開始期は戦闘活動のテンポが低下するのが常だった冬の始まりと重なった。「私たちは何日もあちこちに飛ばされましたが、武器は何も使いませんでした」とルーデル中佐は語った。

「下方監視、コンボイ護衛、指定された関心地域の監視などを多数実施しましたが、大してキネティックじゃありませんでした。

2011年10月、第75EFSのあとを引き継いだのは、空軍予備役と州兵空軍の飛行隊で編成された全軍合同部隊だった。展開の最初の90日間、司令部機能を果たすのはミシガン州兵空軍の部隊で、これがのちの第107EFSとなった。写真のA-10C、80-0265はカンダハルへ帰還後タキシング中のものだが、搭載兵装がまったく使用されていないため出撃は空振りだったようだ。2011年11月22日の撮影。（USAF）

A-10C 、80-0262のパイロットから「主車輪止め外せ」の指示を待つ第451海外派遣航空機整備中隊の機付長。2012年1月20日、カンダハル飛行場にて。同機の4発のGBU-38にはまだ安全ピンが取り付けられたままなのに注意。戦地での交戦規定が厳格化されてからのOEF期間中、合同部隊パイロットたちが目標への爆弾投下で苦労するようになった一方で、地上部隊の指揮官たちは副次的被害の可能性を減らすために射撃航過を強制するようになった。(USAF)

私たちが関わったキネティックな作戦はほとんどがパンジュワイの角の周辺で実施されました」

アンソニー・ロウ中佐は第303EFSが全軍合同展開していた当時、同飛行隊の作戦指揮官だった。2002年3月にバグラームに最初に到着したA-10パイロットのひとりだった彼は、この10年間に幾度も経験してきた展開で、戦地の作戦が大きく変化していくのを目にしていた。

「カンダハルには大きな滑走路が1本あって、私は多国籍軍のF-16の後ろで離陸準備を整えてることもよくありましたが、一方その機は民間会社がチャーターした747の出発を待っていて、さらに私の後ろでは何かのドローンが何機か発進準備を整えて控えてるといった調子でした。基地にはありとあらゆる形とサイズのヘリが出入りしてて、いつもブンブンうるさかったです。アフガニスタン各地の飛行場は元々大きかったんですが、さらに大きくなる一方でした。そんなわけで空域はひどく混んでました。いや、混みすぎてることもよくありました」

A-10C 、80-0265とともにポーズをとる第107EFSの隊員たち。2011年12月末、カンダハル飛行場にて。この写真撮影からまもなく第303EFSが同飛行隊からOEF任務を引き継ぎ、45日間にわたって務めた。なお、この撮影から数日以内に第107飛行隊員の大半が帰国したが、その所属機6機は2012年3月まで戦地に留まった。(USAF)

アフガニスタンでの作戦のため、牽引されてカンダハルの格納庫から駐機場を横切って滑走路へ向かうオーストラリア空軍のヘロンUAV。OEF任務が拡大するにつれアフガンで運用される航空機も増加し、この写真でもAH-64アパッチ、UH-60ブラックホーク、カリッタ航空のボーイング747貨物機、AC-130Hスペクター・ガンシップなどが見られる。A-10パイロットにとって最大の危険はほかの航空機との衝突で、特に作戦飛行中に飛行場や目標地域に出入りするUAVが危なかった。(USAF)

「2011年末のアフガニスタンでは、飛行機が増えるということは必ずしも航空戦力が増えるということではありませんでした。完全動画ビデオと、そのビデオを積んだ機やNTISR〔非在来方式情報監視偵察〕機への需要が空にあふれてました。飛行機が増えると問題はもっと複雑になりました。パイロットとしてはできるだけ予測思考をしなければなりません。何時間もずっと混んだ空域に詰めている時、誰かが割り当ての高度ブロックから出ると大抵問題が起きるんです。作戦でA-10隊の滞空待機の高度幅が60mしかないこともよくありました。同じ地点のまわりを周回する飛行機が多すぎて、本当に身動きがとれませんでした。航空脅威が深刻になると退避する場所がないんで、こんなのは無茶苦茶でした。CAS中にほかの飛行機と空中衝突するのがオチです。戦争が拡大すると私たちにとって最大の脅威は場周経路と目標地域上空の空域の過密さになりました」

「2011年から12年にかけて私はいくつものTICに対応しましたが、いざ射撃だ、爆撃だという場面で突然眼下に何かの影が現れることがありました。それで初めて事前連絡もなしにアメリカ軍のヘリがそこに来てたのに気づくんです。担当のJTACに問い合わせて、ここにアパッチが来ることを知っていたかって聞きます。すると答えは『あんたこそ連中のことと、あいつらの使用周波数を俺に教えてくれなきゃ困るじゃないか』でした」

「交戦規定が厳しくなって、目の前で味方の兵隊が撃たれてるのに、その地域の地上部隊の指揮官から目標攻撃許可が貰えないことが増えました。その当時、副次的被害と民間人犠牲者が最大の関心事項だったんです。もし何かが起これば、アフガン政府はアメリカ軍が傍若無人に振る舞っているという態度をすぐに表明しそうな感じでした」

「適切な種類の兵器を使用することが正しい戦術的状況で許可されないこともよくありました。私たちは機関砲を使用するよう強いられ、500ポンド爆弾の使用が許可されることは滅多になくなりました。実際、ある時点でGBU-12や、GBU-38バージョン5のような低副次被害弾薬すら搭載するのを止めたほどです。後者は弾体が複合材料製で起爆時の爆風は凄いんですが、破片は大したことないんです。建物の躯体は破壊しませんが、敵の戦闘員は殺せるんです。結局、HUDと照準ポッドの録画画像をいくつかのFOBに持って行って、地上部隊の指揮官に兵器の効能と、なぜJTACたちがそれを使いたがるのかを理解してもらえるよう説明しました」

「爆弾のほうが良い選択なことがよくありました。でもどんな兵装にも30㎜砲弾より破壊力が大きいはずだというレッテルが貼られてたんです。これはつまり本来なら上手くいくはずだったのに、正しい武装が使えなくて失敗した作戦がとても多かったということです。CASパイロットとして私は反政府武装勢力をひとりも生かしておきたくありませんでした。もしひとりでも取り逃がせば、そいつがIEDを仕掛けたり、米軍やISAF部隊をまた攻撃して、その次の日に味方が殺されないって誰に言えますか？ A-10パイロットなら誰だって奴らが逃げるのを絶対見逃ごせませんでした。殺しとかなきゃいけない人間だからです」

バグラームへの再移動

BACK TO BAGRAM

A-10部隊をカンダハルからバグラームへ移動させる可能性が最初に検討されたのは夏季の戦闘期間が終わった2011年の秋だった。CASのパターンが分析されて傾向が明確になると、ISAF司令部と国際統合司令部（ISAFに従属する指揮機関で、作戦指揮を担当）はその移動に全面的に賛成した。なかでもISAFの東部地域コマンド（RC-E）の司令部は特にA-10を近くに配置したがったが、これは彼らが「ホッグ」にしかできないCASを必要としていたからだった。CAS部隊が再編される前、RC-Eでは多数の航空作戦が実施されたが、カンダハルを発進したA-10は目標地域に着くまでだけにかかる「通勤時間」が非常に長かった。同機の根拠地を作戦地域の近くに移し、地上のパトロール部隊の監視にあてる滞空時間を延ばすという良案はすぐに受け入れられた。

トーマス・ディール准将は当時カンダハルで第451AEWを指揮していたが、特に同基地からのA-10の戦闘作戦の監督に力を入れていた。彼はこう語ってくれた。

「A-10と本機の戦闘能力だけを指定してくる任務要求がアフガン東部でどんどん増え始めたんです。あの国の地図を見ると、南部は平らな開けた砂漠が広がっているのに対し、東部はもの凄い山地が占めてます。それぞれ気候も独特で、味方の地上部隊を直接支援するあらゆる航空機にとって厄介な問題でした。それでも東部では悪天候下の狭い峡谷での作戦需要があったのです。戦域内の多国籍軍にはこうした作戦を実施できる機体はほかにもありましたが、最高の機ではありませんでした」

「東部での作戦は国境の保全という面もあり、LOC［補給路］を確保し、国境と幹線1号線沿いのCOP［戦闘前哨］とFOBにいる部隊の守備を可能な限り固めるものでした。LOCを確保して後退行動を実施できるようにしておくことは、撤兵が始まったので非常に重要になっていました。この当時、アフガニスタン東部はA-10の能力、つまりJDAMとさらに重要な30mm機関砲の両方にとって、好適な目標地域でした」

「CAS部隊再編はある懸念の高まりと深く関係していました。いつでも懸念というものはありますが、それは副次的被害と、さらに重要だったのが民間人犠牲者でした。味方部隊の支援に充分効果がありながら破片飛散が最少という、正確かつ責任ある兵器を使用することが何より求められていました」

「A-10部隊をバグラームへ戻す決定が下された際、考慮された要因はほかにもありました。NATOと多国籍軍の部隊はすでにF-16をカンダハル以外の基地から運用し始めていたので、米軍のF-16をそちらへ移すことには規模の経済性メリットがありました。そうすればF-16の運用を兵站的にも作戦的にもまとめられ、多国籍軍の部隊に似た種類の機体を運用する米軍航空部隊を提供できます」

「将来的な考えでは、まず南部で作戦数を減らしてから、その範囲をカブールを中心に北部と東部へ広げます。そこが私たちの主要活動範囲となっていくので、その流れを促進するため、長期間使うことになる機体を先にバグラームに移すことには意味があり

A-10Cから慎重に降ろされるGBU-36型JDAM。2011年12月2日、カンダハルにて。本機の見紛いようのないノーズマーキングは第47FS「テリブルターマイツ〔恐怖の白アリ〕」のもので、同飛行隊は今回の全軍合同部隊、第303EFSを構成する3部隊のひとつだった。（USAF）

A-10C、79-0109の前でポーズをとる第303EFSのパイロットと指揮幕僚たち。2011年12月30日、カンダハルへの合同展開開始直後の撮影。本機はホワイトマン空軍基地からアフガニスタンに3機派遣された空軍予備役部隊機のうち1機。(Anthony Roe)

ました。カンダハルを去った頃、私たちが直接支援任務で兵装を使用するのは10ソーティに1回ぐらいでした。それがバグラームに移動したところ大幅に増えたので、私たちの戦闘の形態が変わったのはそれが大きな原因だったと思われます」

12月に第107EFSのあとを第303EFSが引き継ぎ、同部隊がバグラームへの移動を担当した。同部隊はCAS部隊再編を実施しただけでなく、CAOCが立案したATO〔航空任務命令〕も実施していた。ルーデル中佐は基地移動計画の監督士官で、その概要を語ってくれた。

「できるだけATOに悪影響を与えずに、基地を引っ越す方法を考える必要がありました。幸い12月は戦闘が減るのが通例でした。一部の機は外部タンクを積んだフェリー状態でカンダハルからバグラームへ飛びました。タンクはC-17やC-130に積むこともできましたが、兵站的理由とタンク自体の安全性を考えると、素直に装備して飛ぶほうが良かったんです。途中でOEFのCASソーティなどの任務も実施してからバグラームに着陸し、そのまま居着きました。基地の引っ越しには11日間かけることにし、さすがに実施ソーティの合計数は減ってしまいましたが、それでもCAS任務は果たし、部隊再編を進めながら飛行機を仕立てて移動させることができました。そのすべてをA-10の指揮権がホワイトマン隊からバークスデール隊に移す期間中にやりました。飛行機をバグラームまで移す仕事の主役だったのは第442FW〔第303FSの所属航空団〕の整備員でした」

ジェイムズ・シェヴァリエ大尉は当時第303EFSの整備士官で、機体と部品をカンダハルからバグラームへ移す作業を担当した。「計画の立案は第303飛行隊が交代するよりずっと前から始まってました」と彼は語った。

「第107EFSで私みたいな整備担当者だったのがカーティス・リング少佐です。基本案を立てたのは少佐で、彼はさらに基地視察チームをバグラームに送りました。私たちが2011年12月に到着した時、彼が最新情報を教えてくれました。私たちは頻繁に打ち合わせをし、毎日の飛行任務をつづけながら、荷物をどう運ぶか、うちの人員をどう分けるか、カンダハルをF-16受け入れのためにどう準備するかなどを検討しました。バグラームでも同じような打ち合わせをしました」

「カンダハル到着からちょうど45日後、人員と装備をバグラームに移し始めることになりました。私たちは4日間で305名の人員と、200トンの荷物を移動させました。あとから来る飛行機を受け取るため誰をバグラームに送り出すのか、その一方で部隊のハードな飛行スケジュールをこなせるだけの人員をカンダハルにまだ残しておくため、人選にはとても気を使いました。一部の人のシフトを入れ替えたり、シフトの終わりにバグラームに飛ばさせたりして、目前に迫ったA-10の受け入れ準備をさせなくてはなりませんでした。まだ基地には24時間支援が必要な飛行機があったので、カンダハルから送る荷物の順番にも気を配らなくてはなりませんでした。作戦に不可欠な部品でF-16とA-10の両方が使う物を引っ越し期間中、飛行機の修理のために二つの基地のあいだを往復させたこともあります。カンダハル～バグラーム間の荷物と人員の飛行移動は20回に分けました」

「引っ越し期間中、A-10の日々のソーティ効率は少ししか低下しませんでした。引っ越しのあいだずっと私たちは85%のFMC［完動状態］率を維持しました。最後のA-10のグループをバグラームに迎えると、再びフル稼働のスケジュールに回復させました」

A-10をバグラームまでフェリーする時、燃料タンクとトラベ

第455AEWの司令官交代式でトッド・ウォルターズ中将（左）から隊旗を受け取るトーマス・ディール准将。2012年3月1日、バグラーム空軍基地にて。A-10パイロットでもあるディール准将は以前カンダハル飛行場で第451AEWを指揮していたが、A-10部隊とともにバグラームへ移動した。ウォルターズ中将は当時彼の指揮官であるうえに、第9アフガニスタン派遣航空宇宙任務部隊司令官と駐アフガニスタン米空軍副司令官も兼任していた。（USAF）

ルポッドを満載しながら、機関砲はフル装弾というチグハグさを第303EFSのトーマス・マクナーリン中佐は今も可笑しく思っている。

「一部の兵装を降ろして、トラベルポッドを積みました」

と彼は語った。

「カンダハルでずっと使ってた日用品なんかの私物を一切合財積んだ状態で戦闘任務を飛んで、それからバグラームに着陸したんですよ！」

異例の移動期間中、ディール准将はA-10部隊がカンダハルから去るのに伴い第451AEWの司令職を解かれ、バグラームで第455AEWの司令に就任した。それはCAS部隊再編が終わった直後だったとディール准将は説明してくれた。

「バグラームの航空団司令は2個目の星を貰える〔少将になる〕ことになりました。彼は元ストライクイーグルパイロットで、3月にバグラームのF-15E部隊を引き揚げて、新しい役職に就く予定でした。2週間の引っ越し後、私がその航空団の司令になりました。こんな指揮権の引き継ぎ方は普通じゃないんですが、私にはトッド・ウォルターズ中将［第9アフガニスタン派遣航空宇宙任務部隊司令官と駐アフガニスタン米空軍副司令官を兼任］という優れた司令官がいました。おかげで運用面だけでなく、前線で戦う部隊を支援するという面でも、バグラームでA-10部隊をまた立ち上げる自信がもてました」

「2012年に私たちがやったもうひとつのことがストライクイーグル部隊をアフガニスタン国外に移すことで、これは米軍の活動を目立たなくしたいという我が国の指導部の意向によるものでした。F-15E部隊がいなくなれば、CAS戦力の3分の1が失われます。私たちには優れたTIC対応時間を達成してきたという自負がありました。対応部隊の3分の1を引き抜かれたら、対応時間は遅くなると普通思われるでしょう。ところが私たちは国内中の戦力配置と任務伝達手順を変えられたんです。しかも東部でそれができたことが一番重要でした。戦略をちょっと手直しした結果、TIC対応時間を20％も短縮できたんです。国内の戦力が3分の1減ってたのにですよ」

「CAS機が従来、戦場で任務を割り当てられていたということは、私たちが目標に対する直接支援作戦を離陸前にあらかじめ立案できるチャンスは滅多になかったということです。私たちのゲームはTICに対応して要求された航空支援を実施することでした。モグラ叩きゲームにちょっと似てます。その日戦闘がどこで発生するのかはまったくわからず、そして戦闘が一旦起こったら、私たちの仕事はそこへできるだけ早くたどり着くことでした。戦地のCAS機が減ってしまい、事実上アフガニスタン全土のTICに対応しなければならなくなった時に巨視的なスケールで見直したところ、ホットスポットになりそうな場所に前もって飛行機が効率的に配置されてませんでした。基地から出たパトロール隊への武装下方監視や、野戦部隊のためのNTISR偵察は実施してましたが、そういうのは基本的に周回軌道を飛びながら何かが起きるのを待つことなんです」

「しかし2011年末からIJC［ISAF統合司令部］と仕事をするようになると、私たちは飛行機を戦闘がいちばん起こりそうな場所に配置しなければならなくなりました。まだ下方監視やNTISRの要求もこなしてましたが、戦闘行動がその日発生しそうな場所にCAS機を置くようにしたんです」

第47EFSは2012年2月初旬に展開を引き継ぎ、翌月第104EFSに交代されるまでその任を務めた。第104EFSはメリーランド州兵空軍の第104FSとアーカンソー州兵空軍の第188FSのA-10Cからなる混成飛行隊だった。メリーランドの部隊が前半の90日を務め、アーカンソーの部隊が後半の90日を担当した。

渓谷

THE VALLEY

2012年6月28日、メリーランド州兵空軍のA-10パイロット2名がアフガニスタン東部の渓谷で実施した作戦により、「ホッグ」をバグラームに再移動した判断が正しかったことが実証された。2機は制約の多い空域で悪天候下でも、ほかのCAS機の追随を許さないほど敵を激しく叩いたのだった。

ポール・ズーコフスキー中佐とクリストファー・シスネロス少佐はその日、「ホーグ55」と「56」で出撃し、アフガニスタン・パキスタン国境でのSOF作戦を支援することになっていた。彼らは作戦についてブリーフィングで説明され、最新の気象情報を教えられたが、それによれば条件は最良のはずだった。ズーコフスキーとシスネロスが一緒に飛んだ前回は、予報では悪天候だったのが、すぐに晴れたのだった。28日にはその逆が起こった。

3時間前に離陸していた「ホーグ51」と「52」もブリーフィングで同じ作戦を指定されていた。その作戦とTICをもうひとつ支援したのち、両機の燃料が乏しくなったところに交代の「ホーグ55」と「56」が現場に到着した。「ホーグ51」は次のパイロットに申し送りをするために留まったが、「52」は急いでバグラームへ帰還した。地上のSOFチームは90名の兵士からなり、ヘリが収容しに来る場所へ向かっていたが、ズーコフスキーとシスネロスが上空に到着した時、散発的な銃撃を受けていた。

「パキスタンとの国境沿いに大きな川があり、その両岸は険しい斜面で、北へ行くほど険しくなってました」とズーコフスキー中佐は語った。「私たちはそこの山岳地帯の南端の上空を飛んでいました。尾根はそんなに高くありませんでしたが、それでも実に見事な景色でした。その川には支流も1本あって、細かく枝分かれしながら東のパキスタンへ流れてました。支流は2,400～2,700mぐらい上のずっと高い場所で川から分かれているみたいでした」

「現場に到着した頃、もう天候は山側から崩れ始めていて、雲層がどんどん低くなってきました。私たちが飛べる空域は急速に狭まってきました」

「離陸した時は、今回の任務はTICに分類されていたんですが、上空に到着したところ、私たち3機のA-10のほかに現場にはAC-130とMC-12とB-1が各1機いました。飛行機がすごく密集していて、天候は高度3,600～4,200mで崩れてました。私たちのA-10は高度3,000mより下にいました」

「この時点では天候はそれほど悪くありませんでした」とシスネロス少佐は回想している。

「雨は降ってなくて、暑かったです。TICに行く途中で通った場所の天候は暴風が吹き、雨も激しく降ってました。その天候が作

ポール・ズーコフスキー中佐（右）とクリストファー・シスネロス少佐。後方のA-10Cは2012年6月28日に彼らが搭乗していたうちの1機。当時ズーコフスキー中佐は第104EFS飛行隊長で、同部隊はOEF展開を第184FSと分担していた。ふたりはいずれもメリーランド州兵空軍第104FSの所属。（USAF）

戦地域に移動してきたんです。私たちと同じ方向にです」
「出発前にその地域の航空図を何枚かもらってたんですが、それでは町と建物が色分けされてました」とズーコフスキーはつづけた。
「実際は残念なことにどの町の建物も全部似たような色で、目標地点に到達してみると天候がさらに悪化していて『紫色』の建物と『青色』の建物を区別するのはかなり難しくなってました。その地域はかなり広くて、そこを流れる川のあちこちに『Y字』に分岐した用水路があって、図のどこが町のどこなのか、わけがわかりませんでした。幸い『ホーグ51』がバグラームに戻る前にその地域のことを上手く説明してくれてました」
「天候はさらに悪化しつづけ、現場にいた飛行機は気象的な作戦限界に達してしまい、離脱し始めました。MC-12はいちばん長く現場に留まって私たちを支援してくれました。しかし45分後には雲底が低くなってきたので、全機が引き揚げてしまいました」
「その頃には地上部隊は作戦を完了し、収容されるためにヘリコプター着陸地域［HLZ］へ向かってました。抵抗が予想されたので、陸軍はこの渓谷全体を囲む尾根の西側にある川の近くにあった最寄りのFOBに前もってヘリを配置してました」
「ある川の分岐点で終わる尾根がありました。尾根のふもとには採石場があり、部隊はそのあたりを突っ切り、尾根を登って南の山頂を目ざしてました。そこがヘリコプターが収容に来る場所でした。この時、私たちは照準ポッドで味方部隊を見守りながら、HLZまでの尾根を走査してました。地上に90人の兵隊がいたので、私たちは彼ら全員をポッドで見守るため仕事を中断しました。同時に私は近くの町々の状況把握も進めました」
「この時、私たちは自分の燃料状況が気がかりでした」とシスネロス少佐は語った。
「ズーコフスキー中佐は私を先に給油に行かせましたが、これは天候のせいで給油機まで行くのにいつもより時間がかかると見越していたからです」
「こうした作戦では作戦地域に行く前に給油するか、ヴァル中［ヴァルはヴァルネラビリティ・ウィンドウの略で、この場合は2機編隊が現場にいる予定の時間帯］に給油をします」とズーコフスキー中佐は補足してくれた。「この時の予定給油時点はヴァルになってから約1時間後で、シスネロス少佐が給油機に行くのにかかる時間が長くなるのはわかってたんで、15分ほど早く行かせることにしたんです。視程はまだそう低下してませんでしたが、雲底は低くなっていて、尾根の北の上空にとても巨大な雷雲が発生してました。その尾根の北はどんどん暗くなっていて、雨が降

ズーコフスキー中佐が示しているのは、彼のA-10が暴風雨のなか狭い渓谷を低空航過中に地上砲火に被弾した個所。すでに修理を終えたこのA-10はいつでも再出撃可能だ。(USAF)

りだしてました。その時点でシスネロス少佐に給油の許可を出したんですが、彼は戻ってきて、給油機は南で立ち往生していて給油空域にあと15分しないと来ないと言ってきたんです。私は彼を目標地域に戻らせ、ぎりぎりまでHLZへの後退を支援させました。当初の空中給油予定時刻に、彼はまた給油機と落ち合いに向かいました」

「給油機までの空域に巨大な雷雲が発生してました」とシスネロス少佐は語った。

「給油機はF-16に給油しようとしてましたが、あまり上手くいってませんでした。静かな空域を見つけて給油機と結合するまでに、いつもより時間を食いました。給油機動を完了するのに天候のせいで1時間もかかってしまったんです。普段なら半時間で済むんですが」

「天候はかなり悪化してきていて、敵はそれを最大限に利用しようとしてました」とズーコフスキー中佐は説明した。

「目標地域の北側の尾根に敵の部隊がいて、暴風雨が谷に入ってきたとたん、連中は北と西からSOF部隊を撃ち始めました。SOFは直ちに『力の誇示』航過を要求してきました。私は味方と敵のあいだを流れていた支流を南から北へ低空航過しました。谷のなかで低高度を保ったまま西へ向かいました」

「その時、西からの銃撃は止みましたが、北からのはつづいてました。30㎜砲射撃航過のために私たちは9点状況を組み立て、その際目標位置を彼らは私の色つき地図にある座標で教えました。ツイてないことに目標は地図のいちばん端っこでした。最初の航過でロケットを落として、そこが話していたのと同じ場所か確認しました。彼らはロケットから約100m尾根側だと修正してきました。それにしたがって30㎜射撃航過を1度したんですが、その時から雨が激しくなり始めました。視程は低下し、地上部隊はまだ銃撃を受けてました。さらに3度航過をかけましたが、雲底はもう1,000mぐらいまで落ち込んでました。ひどい雨にもかかわらず、HUD上の情報で視程は何とかなり、幸い目標地域に1時間以上いたおかげで地形は全部わかってました。状況把握度は地面にぶつかることなく、目標を発見するのに充分でした。悪天候はもう山頂からパキスタン国境まで下がってきてました」

「ズールー表示［HUDと移動式地図上に出る参照マークで、以前に発砲した場所をパイロットに表示するもの。再度攻撃航過の態勢をとる際に地理的な手がかりとなるので、CASを実施するパイロットの状況把握に非常に役立つ］があったおかげで、最後の着弾地点がわかりました。ズールー表示とぴったりに飛んで状況把握度を上げ、自分の最後になる攻撃地点を地上からの指示にしたがって修正しました。天候のせいでさっきの着弾点がどこだったのか見つけるのが難しかったんです」

「2度目の航過のあと、上空で待機してた時よりもたくさん燃料を食ってることに気づきましたが、給油機に行くつもりはありませんでした。ビンゴ燃料量を2,200ポンドにまで減らし、1,000ポンドを帰還に使うとして、最少限の燃料残量で着陸することにしました。それが1,200ポンドです。航過をかけるたび、JTACが微妙な修正を指示してきました。敵との交戦を終わらせるため、さらに3度射撃航過をしたので燃料がまた減りました。最後の航過のあと燃料は1,800ポンドまで減り、自分が決めたビンゴ量を400ポンド割り込んでました。これで高度を上げて基地へ真っ直ぐ帰らなくてはならなくなりました。まだ給油中だったシスネロス少佐に話をして、9点状況をもらって攻撃していることや部隊が銃撃されていることなど、できるだけ多くの情報を伝えてました。私はもう一刻も早くバグラームへ帰らなくてはなりませんでした」

「目標地域から離脱した時の燃料は1,800ポンドで、基地から約180㎞離れてました。基本的に1.8㎞飛ぶと10ポンド減るので、帰るには1,000ポンド必要でした。消費燃料が減る高度10,000mまで上昇し、それからアイドリング降下を始めました。この降下をもっと早く始められればもっと燃料が節約できたんですが、天候と下の地形のせいで無理だったんで高い高度を長く保ったんです。バグラームに着陸した時の燃料は900ポンドでした」

　ズーコフスキー中佐が戦闘地域から離脱中だった時、シスネロス少佐はそこへ戻る途中だった。彼はこう語った。

「地上部隊は5分から7分間、航空支援なしでいて、私が現場に戻った時、天候はさっきよりずっと悪くなってました。谷の真上を嵐が覆い、これじゃ役に立てないと思いました。帰りぎわのズーコフスキー中佐に『ひどい天気だが、みんな君の助けを必要としてるんだ。低空で谷に入れ』と言われてたんで、そのとおりにしました」

「JTACは兵装使用が必要だと言い、大まかな位置を教えてきました。彼は私が着いたらすぐ9点状況説明をしたがっていました。私はまず天候を確認し、雲底が山の高さに比べてあまりにも低いのに目を見開きました。雨は土砂降りで、前方の視程はかなり限られてました。でも機体の左右はよく見下ろせました。山頂はほとんど雲に隠れてました。A-10Cの売りの照準ポッドを使いつづけようとしましたが、天候の崩れかたがひどすぎたんで、『古典方式』のCASに戻るしかありませんでした。コクピットの外に目をこらし、肉眼で味方の位置を見つけ出し、そこから全体の状況を捉えるんです」

「今まで飛んだなかで最悪の天候で、しかも谷の気象状態はもっと悪くなりそうでした。戻った時に気づいた最大の違いは、地上の状況が一変してたことでした。A-10でCASをする時いちばん大切なのは、どこに味方がいるかを敵の位置と合わせて常に意識することなんです。自分が地上部隊の位置を正確にわかっているのか確認する必要がありました。悪天候と格闘しながらJTACと話して確認しました。彼らはその時凄く激しい銃撃を受けていて、地上の状況は悪くなる一方でした。みんなを助けるためにどこまで危険を冒せるか、決断しなければなりませんでした。まず敵の位置を特定するためにロケット弾を撃って、30㎜機関砲を撃つ前にもう少し状況把握する必要がありました。彼らは激しい銃撃を受けてたので、ロケット弾からの修正指示にも時間がかかりました。一人勝手にことを進めれば、CASはまず成功しません」

「JTACは2度無線をオンオフしてから、すまん、ちょっと取り込み中だと言って、私に待機を命じました。気づかなかったのですが、彼は撃たれていて、私と話すのに誰かに無線機を持たせる必要があったんです。結局あの日の午後の出撃で、私は全部で3人の統制官と話したわけです」

「危機管理について最初に考えたのは自分の兵装であの人たちを傷つけたくないということでしたが、状況は悪化する一方で、戦って切り抜けるのに時間はもうそんなに残ってないと思いました。幸い今回は2人の『ホッグ』パイロットが編隊間周波数を使って私にコールしてくれ、そこで状況が進行中だと聞いた、何か手助けは必要かと聞いてくれました。できるだけ早くこっちへ来てくれと言いました。天候は相変わらず最悪で、彼らを視認して編隊を組んで私についてくるよう言うため、一度谷を出なければなりませんでした。目標地域は厚い雲にすっかり覆われてたんで、谷のなかで合流するのは不可能だったんです。彼らが来てくれれば、私のロケット弾を修正してくれるので、ずっと簡単に有効な

バグラーム空軍基地の駐機場で滑走路へのタキシング準備を整えたA-10C、78-0613のコクピットに座る第104EFSのパイロット。2012年5月25日。アーカンソー州兵空軍のA-10独自の「ホッグ」アートは、メリーランド州兵空軍機の飾り気のない機首とは対照的だ。(USAF)

CASができます」

「2機のA-10が来るまで私が現場にいたのは25分から30分で、それからもう35分ぐらいいました。私たちそれぞれが30㎜射撃航過を実施し、ロケット弾も発射しました。目標の標定に手間取りましたが、それはJTAC――私が協同した3人目――が激しく銃撃されていたからです。敵が最後に確認された尾根を爆撃してくれと彼は言いました。タリバンがその後移動してしまったのかどうか、それからJTACから見た位置はどこかなどについて、かなり話し合いました。私たち3人全員がそれをやり遂げようと互いに話し合って状況把握に努めました。どこに攻撃が必要なのか、かなり確信できたところで私たちは尾根に30㎜掃射攻撃をつづけざまに実施しました」

「JTACはどの航過も危険近接で頼むとコールしてました。彼が正確にどこにいるのか、あまり自信がなかったんで、それを確認するためロケットを少しずつ寄せていきました。それから私たちは敵の位置に射撃航過を開始しました。これで交戦が止み、ヘリ部隊がHLZに戻って負傷者を救出できるようになったんですが、初めは激しい地上砲火のせいで着陸できませんでした。2機のA-10がヘリを渓谷まで護衛し、私が離脱する時ブラックホークは負傷者を吊り上げて機内に収容してました。作戦は夜遅くまでつづき、任務が終わるまでに支援にあたったA-10は10機以上になりました」

「私たちは3人のJTAC全員に会うことになりましたが、そのうち2人は撃たれて入院していました。私たちが悪天候のなか現場に留まって彼らの命をどう救ったかを彼らの目線から聞かされた時は胸が熱くなりました。感激しました」

「飛行前ブリーフィングで、もし私たちが給油機に行けなかったら、作戦地域でできるだけのことをしてからバグラームへ戻って燃料を入れてもらうつもりだと言ってありました」ズーコフスキー中佐は説明してくれた。

「なので基地へ帰る途中も今回の偶発事件のことが頭から離れませんでした。シスネロス少佐がひとりで上手くやれるのはわかってたので、私は飛行監督官と連絡を取り、燃料をもらったらとんぼ返りできるようホットピット〔地上でエンジンを停止せずに行なう緊急給油〕の手配を頼みました。ASOCには僚機が現場に単機でいることを伝え、このTICにA-10の2機編隊を回す必要があると言いました。30㎜砲弾は使い切ってましたが、私にはまだロケット弾が6発とJDAMが4発残ってました。ロケット射撃航過中、曳光弾がこっちへ撃ち上がってくるのが見えましたが、被弾したとは感じませんでした。帰還して兵装に安全装置をかけたあと、機体に穴が2個見つかりました。うち1発は命取りになってたかも知れません」

この日の行動に対し、両パイロットには殊勲航空十字章が授与された。

フォートスミスからの交代部隊
FORT SMITH TAKES OVER

　2012年6月28日、ブライアン・バーガー中佐は「ホーグ52」に搭乗していた。まもなく到着する第184EFSの飛行隊長だった彼は、ズーコフスキーとシスネロスが悪天候下の渓谷に突入して救命CASを実施していた時、LAO〔現地地理慣熟〕飛行中だった。
「本隊が到着したのは7月中旬で、7月から9月までの期間が私たちの担当でした」とバーガー中佐は語った。「私たちは州軍部隊［第188FW／第184FS］なので、アイダホとフォートウェインから手伝ってくれるパイロットに来てもらい、員数を整えました。1個の飛行隊として私たちは北東部で活動してました。パキスタンに接する東部国境で、私たちは最終的に30㎜砲弾65,000発以上を発射し、500ポンド爆弾250発を投下しました」
「私たちは厳しい交戦規定のもとで作戦しました。戦術レベルのひとつのミスが、戦略レベルのミスに拡大することもあります。TICの近くにいたこともよくありました。長年この仕事をやってるんで、私たちのA-10が遅いのはわかってます。しかしこの機には比類ない抑止力があります。私たちが近くにいるのを知った敵の戦闘員が姿勢を低くして姿を隠していた例がたくさんあります。パキスタン国境の近くでは特にそうで、私たちが現れると、とたんに状況がいっぺんに沈静化しました。もしA-10がタリバンが味方を攻撃するのを止めたのならば、抑止効果があったことになります」
「この国の東北部で、その部隊のFOBから遠く離れた場所で支援した陸軍の『離脱』作戦では、私たちの敵抑止力が際立ちました。任務は『離脱部隊』を乗せたヘリの護衛でした。その兵隊たちは派手な撃ち合いはやってませんでしたが、裏で何かが起こってる感じがしました。陸軍は兵隊の離脱を急いでました。悪天候が迫ってましたが、こんな天気の時にひどい急斜面の渓谷でヘリの護衛をするのは、これ以上速い飛行機では絶対に無理だろうと思いました。私たちはヘリよりは速いですが、狭い場所でも作戦できるんです。この任務で戦闘はしませんでしたが、タリバンは私たちがいるのを知って戦わないことにしたんです」
　ジェレミー・ストーナー大尉は第184EFSの一員として飛んだフォートウェイン基地からの5名のパイロットのひとりで、これが二度目のバグラーム展開だった。バトルクリーク基地がOEFに初めてA-10Cを派遣した2007年末に、彼は第172EFSの隊員として戦地に来ていた。「最初来た時とバグラームはすっかり変わってました。作戦もです」とストーナーは語った。「作戦テンポは大きくスローダウンし始めていて、交戦規定も少し厳しくなってました。飛んでた時間のほとんどを下方警戒任務やNAI［指定関心地域］の走査、そしてコンボイの護衛にあてていました」

マーキングはメリーランド州兵空軍第104FSのままだが、本機はバグラーム空軍基地から第184EFS所属機として出撃するところである。2012年の展開で第104FSは8機のA-10Cを送り出したが、アーカンソー州兵空軍の第184FSは10機の「ホッグ」をアフガニスタンに6ヵ月間派遣した。(USAF)

「バグラームの南東でSOFの支援作戦があったんですが、その部隊はひどい銃撃を受けて分裂してました。小さな川床を挟んでふたつの部隊になってしまい、両方のグループがそれぞれ同時に移動と戦闘をしてました。私たちがチェックインした時、B-1が1機現場にいて、かなりの高度を保ちながら事態を収拾しようとしてました。部隊はその機に爆撃航過をさせたんですが、それにはかなり時間がかかりました。JTACにチェックインすると、A-10が来てくれたと喜びをあらわにしました。彼はB-1に待機を命じました。『あんたらに鉄砲とロケットを持って今すぐここに来てほしかったんだ』と言われました。彼は味方に犠牲者が出たせいで、かなりテンパってました。彼と緊密に協同して事態を何とか鎮静化させるため、攻撃に必要な情報を集めようとしました」

「私たちが話していたものが同じかどうか確かめるためロケットを2発落とし、射撃しようとしていたものが確かに敵性目標なのかを確認しました。その地域にはダムがひとつありました。上を車が通れる小さな橋みたいなものだったんですが、それでも結構な量の水を貯めてました。そこから敵の銃撃の一部が来てたんです。JTACは私たちに『ダムをブッ飛ばしてくれ』と要求してきました。私たちはちょっと待て、話し合おうと言いました。『あのダムをあんたたちのためにブッ飛ばすのはやぶさかじゃないが、そうなると今回が俺の最後のソーティになっちまう。もうちょっと考えようぜ』と私は答えました。彼は無線で話していた時、すごく興奮してて、こっちにもそのノリがうつってしまいました。でも兵装を使用するのなら、すべての安全確認をしっかりやらなければなりません」

「ロケットでそれぞれの敵の位置をマークすると同時に、味方の正確な位置を確定しました。それからまもなく別の味方機が現場に出現し始めました。大半がISR〔情報監視偵察機〕で、照準情報収集を手伝ってくれました。アパッチも2機到着しましたが、長時間いられるだけの燃料がありませんでした。私たちがいた90分間、3個所の目標地域を監視しましたが、そこは不審車両が1台、砲掩体が1個所、歩兵陣地が数個所ありました。JTACは自分の部隊の兵隊の面倒を見ながら、はぐれてしまった部隊の現状把握にも努め、敵のすべての位置がどこか見極めようとしてました。私たちはタリバンを見張りつづけ、何回も射撃航過をかけて攻撃し、事態の鎮静化に協力しました。それでもその戦闘は3日間つづきました」

第184EFSがバグラームを去ると、第354EFSがあとを引き継ぎ、OEF作戦任務を2012年10月から2013年4月まで実施した。

第354EFSとの任務交代直前、バグラーム空軍基地でA-10C 、78-0613の前に並んだ第184EFSの隊員たち。中央最前列に立っているのが第184EFS飛行隊長、ブライアン・バーガー中佐。(Brian Burger)

悪天候のなか、「力の誇示」航過をしながらフレアを投下するA-10Cを見つめる第101空挺師団（航空強襲）第3旅団戦闘チーム第187歩兵連隊第1大隊B中隊の兵士たち。2013年4月の「シャム・シール（剣）」作戦時、アフガニスタンのシャハク付近にて。「ホッグ」の低雲層下や狭い渓谷での作戦能力に加え、心底真剣に戦闘に取り組むパイロットのおかげでA-10はOEFで地上部隊からCAS機として引っぱりだこだった。(US Army National Guard)

雪解け水で濡れたバグラーム空軍基地の滑走路に着陸する第354EFSのA-10C、80-0187。アフガニスタンでは冬季は戦闘が激しくなくなるのが通例だったが、これは特に同国北部で天候のために反政府勢力の活動が鈍化するためだった。そのため帰投してきた写真の80-0187は兵装を積んだままである。戦地の米軍部隊が撤収を開始したため、2012～13年にA-10が実施した作戦数も減った。（USAF）

第5章

最後まで

TO THE END

2013年4月、第74EFSは五度目かつおそらく最後となるOEF展開のため、アフガニスタンに戻ってきた。同飛行隊は最新型の照準ポッド、ライトニングGen4を装備して到着したが、これははるかに優れた目標追尾能力、拡大ズーム、より広い視野、短波長赤外線レーザー画像センサー、カラー情報表示、安定型赤外線ポインターなどを備えていた。しかも操作がずっと簡単だった。

照準ポッドの性能向上に加え、これらの機には目標攻撃手順を短縮する画期的な新装備があった。第74EFSの作戦指揮官マイケル・カーリー中佐によれば、同部隊でもっとも重要な新装備がスコーピオン・ヘルメット装着型統合照準（HMIT）システムだった。事実、OEFで初めてHMITを実戦デビューさせたのが第74飛行隊だった。同システムを有効にするために必要だった訓練と改修について彼は語ってくれた。

「ACCは展開に先立ち、私たちに最低2週間の訓練期間を与えるつもりでしたが、実際にはそれ以上の期間をくれました。訓練開始は2012年12月で、装備が部隊に届いて使えるようになった時です。装備と一緒に熟練インストラクターが来て、このシステムの訓練を実施し、うちの部隊のIP〔武器学校教官パイロット〕に手ほどきしてくれました。それ以外の隊員はこれを装備して1月から2月に飛びました。その間に装備の機体適合性の問題を片づけなければならなかったんですが、これは部隊の全機がこのヘルメット用にハードウェアを改修されてたわけではなかったからです。実際、ソフトウェアとハードウェアの両面ですべての機体を適合するように改修し、訓練を完了するのに丸２ヵ月かかりました。うちのパイロットは展開する前にHMITを着けて平均10時間飛びました」

「飛行機にはハードウェアの改修がすべて完了する前にソフトウェアのアップデートが施されました。それを全部終わらせるのに2～3週間かかり、2012年9月から終わった機を一度に2機ずつ、デイヴィスモンサン空軍基地のAMARG［航空宇宙整備再生群］デザートスピードラインへ空輸し、ハードウェアを付けてもらいました。このハードというのはコクピット内の追加配線で、機体の主コンピューターからデータを引き出して、従来はHUDと多機能カラーディスプレイに表示されていた情報の多くをヘルメット装着式の単眼鏡に投影するんです」

「これがA-10のPE改修の総仕上げでした。1760型データバスのおかげでC型『ホッグ』はJDAMというGPS誘導爆弾の運用能力

2013年4月25日のバグラーム空軍基地到着からまもなく、滑走路へ向かってタキシングする第74EFSのA-10C 、81-0964で、後方に離陸するOH-58Dカイオワが見える。第11兵装ステーションに懸吊されているのがライトニングGen4照準ポッドで、第74EFSはOEFでこの改良型システムを装備した最初のA-10C飛行隊となった。本機はほかにSUU-25フレアディスペンサーを1基、GBU-38型JDAMを2発、GBU-12を2発装備している。（USAF）

A-10C、81-0981の前で第81FS「パンサーズ」の隊旗を掲げるステュー・マーティン中佐（左）とマイケル・カーリー中佐。2013年5月10日、マーティン中佐が第74EFSでの最終飛行を終えた直後の撮影。本機は第74飛行隊がバグラームに展開する2週間前にシュパングダーレムからムーディ空軍基地に到着したため、出発前にマーキングを変更する時間がなかった。両中佐は1999年、セルビアでの「同盟の力」作戦時、第81FSでともに中尉として従軍した。（Michael Curley）

と、コクピット内でデータリンク経由の照準情報を受け取って地図とオーバーレイ上に照準点として投影する能力を手に入れました。こんなものはA型にはありませんでした。スコーピオンの出現でヘルメットを『コクピットの外』に出せるようにもなったんです。A-10パイロットにとって最大の武器は素晴らしいコクピット視界による標状況把握能力です。この新型ヘルメット装着式サイトのおかげでキャノピーの側面も見られるようになり、照準情報をHUDから得るために照準点に機首を向けなくてもよくなったんです。これで自分が見ているものに照準ポッドをスレイヴさせるだけでよくなりました。また編隊のほかの機が何を見てるのか、僚機の照準ポッドからの映像を電子的に見て知ることも可能になりました」

「A型にはこんな情報にアクセスする能力はなく、物事に時間がかかりました。A-10Cでは情報はありましたが、『フォーバイフォー』[多機能表示装置] スクリーンへの表示どまりでした。つまり画面のデータをコクピット外の地上の状況と照らし合わせなくてはなりませんでした。その作業のかなりの部分は兵装関係の情報が投影されるHUDで行なってました。HMITでは照準ポッドがどこを見てるのかや、僚機がどこを見てるのかなどの情報が主翼線の前方に表示されます［導光素子を使用した光学システムにより、簡潔なカラー照準規正記号が表示される］。どの方向を見ても、その情報が見えるんです」

「もしコンボイがいたとしたら、HMITで探すのが楽です。それの最後に判明している地点を地図にプロットしてから自分の座標を入れて、自機の照準ポッドにそこを見ろと命令すればいいんです。HMITがないと、まず機体をコンボイの方向に向けてから各種の作業をすることになるんで、車列を見つけるのには最低1分、あるいはもっとかかるでしょう」

「このヘルメットの最大の利点は、十字線を標的に重ねてからスイッチを1個倒すだけで、ポッドが私の見ている地点にピタッと焦点を合わせてくれることです。従来の方式よりはるかに早くて効率的です。ヘルメットディスプレイはフルカラーで、出てくるシンボルには全部符号がついてます。おかげで何を見てるのか、とても判りやすいんです。優先順位決定がずっと早くなり、もしAWACSなんかの他所の人が警告をコールしてきて、それをデータリンクに上げると、それが自動的に私のディスプレイに表示されるんです」

第74EFSとともに2年ぶりに2度目のOEF参加を果たしたクリス・パーマー（現在は大尉に進級）も、ヘルメット装着型照準システムの優位性についてはカーリー中佐と同意見である。

「HMITのなかった頃、一番難しかったのは自分の照準ポッドがどこを見てるのか知ることでした。画面を見て、それを外の状況と関連づけるわけです。でもヘルメット装着型照準システムがあれば、ポッドがどこを見てるのか正確にわかるんです。凄いですよ。照準システムに座標を入れれば、外を見て瞬時に建物の位置がわかるんで、『兵装使用のための情報フロー』がずっと早くなります」

「新型のヘルメットはそう重くはないんですが、かさばって、壊れやすい可動部品が多くなりました。当初はメンテナンスで苦労しましたが、これは新型装備ではいつものことです。ただひとつ本当に困ったのは、内地でなくバグラームで起きた稼働率の問題でした。HMITを受領したのが、ムーディから展開する直前だっ

スコーピオンHMITシステムを装着し、タキシング開始前に書類を確認する第303EFSのパイロット。ヘルメット装着型照準装置はPE改修として始まったA-10の技術アップデートの最後の要素だった。これでA-10の能力は従来よりかなり向上したが、本機の将来は米空軍上層部とアメリカ政府との激しい議論の結果にかかっていた。(USAF)

たからです」

「NAI〔指定関心地域〕など、移動式地図につけ加えた情報のすべてがヘルメットで見られました。ある作戦でイギリス軍のJTACにチェックインしたんですが、彼はその地域で長く作戦をしてて、そこには何とNAIが1号から6号までありました！　彼は自分が撃たれるとしたら、そのどれかからだろうと言ってました。彼がその場所を熟知してたんで、あとは新しい作戦地域に行き、そこのJTACと話し、現地のNAIをシステムに入力して外を見てればいいだけでした。どこに何があるのかがすぐ判り、ヘルメットの単眼鏡でそれが全部見えました。前回のカンダハル展開ではスナイパーポッドを使ってましたが、あれは町の小さな交差点をストローで覗く感じで、それをコクピットの表示と関連づけてから外を見て、同じ場所を目で見つけようとしました」

「HMITが真価を発揮するのは、移動目標の射撃時です。以前は待機している高度からは何も見えませんでした。地上のどこに相手がいるのか知るには、機首を地表に向けなくてはなりませんでした。HMITがあれば、僚機のポッドが何を見ているのかや、レーザー照射がヘルメット内に表示されます。タリバンのバイクや車両がどこなのかがすぐにわかり、旋回して掃射できます。HMITは目標識別と攻撃計画立案にも役に立ち、結果的に副次的被害を最小化させます」

「2013年春にバグラーム空軍基地はすごく忙しくなったんですが、これはISAF部隊の撤収のため、いくつかの地域で作戦が必要になったからです。おかげで私たちが使う空域はひどく混んでました。定期的にバグラームの主滑走路が閉鎖されたのも、それに輪をかけました。そのせいで本来は誘導路だった場所（タキシーウェイ・ズールー）から離着陸を強いられ、作戦が制限されました。レーザー誘導爆弾の搭載数を減らしたり、誘導路で安全に運用するために燃料を少し抜いたりしました。そうした制限のせいで作戦の足が引っ張られました」

「一部の地上部隊指揮官は撤収期間中、攻撃の許可にひどく難色を示しました。目標が明らかに悪者なのが絶対間違いないのに、地上部隊指揮官が攻撃を控えるようになってしまったんです。何でもかんでも私たちのCASに丸投げするんじゃなく、ANAとアフガン国家警察が自分で事態を収拾するように彼らはさせたがってました。私たちが状況に介入すれば、TICでもっと依存されてしまうと思われてました。でも全体的に今回の展開は前回2011年のものよりキネティックじゃありませんでした」

「2013年の作戦で忘れられないのは9月末に起きたもので、先導機が『ホーグ51』で、私が『52』でした。当初の任務は早朝パトロールで、敵が日の出直後に活動することは稀だったんで、こうした任務は異状なく終わるのが普通でした。最初の仕事は戦力30名のSOF部隊とANA兵30名の離脱を上空から監視することで、彼らは夜間作戦の終了が明け方にずれ込んでしまってました。昼間に脱出するのは得策じゃありません。上空に着くとMRAPが数台見えました。ヘルメットサイトで照準ポッドを車両の方にスレイヴさせ、友軍を数秒で視認できました。彼らはジャララバード飛行場の南東にいました」

「兵隊たちが涸れ川沿いに離脱していたところ、谷の反対岸の上方に潜んでいた40名のタリバン兵が待ち伏せ攻撃をしてきました。昼間にあれほどの数の銃口炎は見たことがありません。先導機が旋回してWPロケットを1発投下しました。この涸れ川は南北に走っていて、敵と味方の位置をはっきり区切ってました。でも両者の間隔はごく近く、50m以下でした。直後にSOFとANA兵に損害が出始めました。私たちは攻撃航過を開始し、まもなく両機とも砲が『ウィンチェスター』になりましたが、それまでに6～7回の航過で30㎜砲弾を2000発以上発射しました。私たちは撃ちつづけ、彼らは戦いつづけました。状況は緊急でした」

「乗機の前方で焼夷榴弾が1発早期炸裂したのは確かです。まるで私の『ホッグ』に地上砲火が命中したみたいに見えました。機首にちょっと破片を喰らいました。状況があれほど深刻じゃなかったら、戦闘から引き揚げて先導機にBDA［戦闘損傷評価］をしてもらったでしょう。でも事態が緊急だったため、敵を叩きつづけなくてはなりませんでした。私たちは味方の30～40m以内を射撃してましたが、ヘルメットサイトが彼らの位置を敵との相対関係も含めて教えてくれました」

カーリー中佐もHMITを今回の展開での戦闘に使用し、走行中のオートバイに命中弾を与えたことで本システムの有効性を実証

第3歩兵師団第4歩兵旅団戦闘チーム第15歩兵連隊第3大隊A中隊の斥候の上空を低空で飛ぶ第74EFSのA-10C。2013年8月21日、アフガニスタン、ワルダック州にて。こうした作戦は地上部隊だけでなく、民間人の安全のためにも不可欠だった。(US Army)

している。彼はこう説明してくれた。

「私が先導機で、マイケル・ミレン大佐［現在は第455海外派遣航空団作戦群司令官］が僚機を務めてました。［7.62㎜］PKM軽機関銃を持ったタリバン部隊がいるという報告を受け、私たちはホースト盆地へ向かってました。味方の車両にはこの機銃の弾丸だと貫通されるものもあったんで、敵はコンボイをその機銃で撃ちまくってました。ある陸軍係留気球［持続的脅威探知システムの一部］が連中を追尾し、国境の町で最後に確認された位置を上空の私たちに知らせてきました。天候は急速に崩れ始めていて、雨雲がパキスタンから迫ってました」

「雲を通過してた時、移動中だった前任のA-10から申し送りを受けました。私たちはタリバンを見つけ、その動向監視を開始し、副次的被害の可能性が最小になるベストタイミングを探りました。連中は市街地を走りまわりながら、機銃をバイクからバイクへ載せ替えました。交戦規定に則って連中を攻撃する許可が下りることを願ってましたが、それにはやつらが武器を持ったまま然るべき距離だけ町から離れなければなりませんでした」

「作業を簡単にするため、ミレン大佐がポッドの操作を担当し、私が攻撃航過に専念できるようにしました。彼はポッドでバイクを捉えたまま、そいつがいる場所のデジタル情報を転送しつづけました。私はそれをヘルメットディスプレイで見ることができ、バイクが地上のどこを走っているかがわかりました。おかげで兵装の投下と砲の照準と射撃の準備が整えられました」

南部地域コマンドは米陸軍係留気球の恩恵をもっとも受けていた。アフガニスタン国内のFOB上空に浮かんでいた気球の半分以上がその担任地域内だった。持続的脅威探知システム（PTDS）として知られるこの気球は、A-10の作戦で重要な役目を果たすようになった。JTACたちはプレデターUAVの装備機器に似たPTDS監視システムを使って、自分のFOBを守るための航空攻撃を要求できた。
(US Army)

主導者から支援者へ
FROM LEAD TO SUPPORT

アメリカ軍の活動範囲が縮小し、対タリバン戦闘がANA部隊へ移譲されるにあたり、さまざまな困難が予想された。かつて共闘者だった多国籍軍部隊に期待されたのは、アフガニスタン政府に代わって戦闘を指揮することだった。ミレン大佐はバグラームの第455AEW作戦群の司令官として、自立しようとする陸軍の「産みの苦しみ」を目撃した。「最大の課題はANAの作戦をどう支援するかで、そうした任務がANAの単独作戦になる例が増えていました」とミレン大佐は語った。「FOBにいるJTACたちがこうした作戦を支援してました。携帯を持った人が別の誰かと話すだけという簡単な場合もありました。FOBのJTACには上級士官が1名付いていて、爆弾を使うかどうかの意思決定を補佐してました。そして決定の多くが、火力支援を要求してくる人間を彼らが信頼しているかどうかにかかってました。というのもJTACたちはこれまで一緒に働いたANA隊員のほとんどと顔見知りだったからです」

「2009年にマクリスタル大将が声高に提唱した戦術方針は、彼がいなくなってからもしっかり残ってました。私が目にした最大の変化は、2013年が経つにつれ、米軍が主導する戦闘がどんどん減っていったことです。多くの場合、米軍がしていたのは新たな形態の任務、つまりANA部隊を訓練し、実戦で支援することでした。この戦いにはアフガン人の顔が必要でした。そのことはこの年の後半になるほど、ますます重要になりました。この動きの一環として私たちは多数のFOBを閉鎖し、人員を帰国させました。東部地域コマンドはまだ戦闘が少ない時期だったので、ISAFが同コマンド内のFOBから撤収してもSOFは自分の仕事をつづけてました。それでも通常部隊はどんどん減っていきました」

「現場でCASを実施する時、ストレスだったことのひとつが、問題や事件が発生し、戦場のどこかで民間人犠牲者が発生した場合、現場のパイロットが着陸したり、自分が見た経緯を無線で報告できるようになる前に、アフガン新政府が直接ワシントンDCに連絡を入れてしまうことでした。現在の風潮では爆弾はこの戦いに勝利をもたらすものではなく、私たちが成し遂げようとする仕事に多大な負の打撃を与える存在しかないことを隊員たちは理解しなければなりませんでした」

2013年10月の第1週、第75EFSがバグラーム空軍基地に到着し、6ヵ月のOEF展開を終えた第74EFSと交代した。第75EFSの飛行隊長はデイヴィッド・レイマン中佐で、彼の指揮下の12機のA-10が2014年末に予定された米軍の撤退前にアフガニスタンへ派遣される最後の現役機となるのはほぼ確実だった。

アフガン国内で活動する米軍が減少した直接の結果としてキネティックな戦闘が数を減らしていたにもかかわらず、2002年3月に最初の「ホッグ」がOEFの作戦のために到着して以来、A-10

2013年9月24日、アゾレス諸島のラヘス基地に着陸後、乗機（78-0697）から降りようと雑嚢に手を伸ばすデイヴィッド・レイマン中佐。この飛行はジョージア州ムーディ空軍基地からバグラーム空軍基地までの1週間にわたる移動の第1段階だった。第75EFSはOEFで戦闘任務を実施するおそらく最後の現役A-10部隊となるはずである。（USAF）

第75EFSのA-10Cの第2ステーションに懸吊されたLAU-131ランチャーにロケット弾を装填する地上員。2014年2月10日。ランチャー下方に見えるのは第3ステーションに装備されたAGM-65Lマヴェリックミサイル。このレーザー誘導兵器はOEFの初期に「貧者のFLIR」として多用されたが、2013年以降バグラーム駐留のA-10部隊により本来の兵器としてさらに頻繁に使用された。AGM-65Lは発射母機や地上部隊に加え、ほかの航空機による誘導も可能で、高速な小型目標も攻撃できた。これこそがこの旧式兵器が再び脚光を浴びた理由だった。（USAF）

の役割は変わらなかった。

「任務は同じです。CASとCSAR〔戦闘間捜索救難〕、そして大胆不敵な攻撃です」とレイマン中佐はバグラームでのインタビューで語っている。

「私たちは大半の時間をFOBや特命NTISR偵察機の上空からの武装警戒に費やしました。私たちの任務、そして目的は、NATO軍とアフガン軍両方の安全、移動の自由、行動の自由を手助けすることです。飛行隊として、私たちは今でも24時間作戦を実施してます。その日最初の部隊の編隊が離陸する時、前日の最後の編隊が着陸します」

「私たちのアフガニスタンでの任務はもうすぐ終わります。現在の作戦段階はアフガニスタン治安部隊への機能移譲です。彼らは自分自身を守れるようにならなければなりません。私たちが代わりをしてあげるほど、彼らは学べなくなります。兵器の使用は多くの場合最後の手段であり、例外は自衛と多国籍軍を守るという不変の権利だけです。その見地から、状況が制御可能なかぎり、武器を使わない解決法を取るべきなんです」

第75EFSのOEF展開があと2ヵ月を切った2014年2月25日、チャック・ヘーゲル国防長官がワシントンDCで伏せられていた最悪の秘密を認めた。米空軍はA-10を退役させようとしていたのである。またしても空軍は望まないのに装備させられた航空機を引退させ、5年間で35億ドルの運用コストを節約しようと考えたのだった。本機の使用年数が前線用航空機としての存続性を大きく左右する要因になってきているとヘーゲルは指摘した。本機を稼働状態に維持するのにかかるコストは肥大化しつつあった。さらに国防長官は、最新型の精密爆弾ならば、米空軍のより新型の他機種でもCAS任務を同様に効果的に実施できるようになっているとした。またヘーゲルは米空軍の上級士官たちにA-10は冷戦時代の設計のため、現代の対空兵器には地対空、空対空の両面で極めて脆弱になっているとも言い含められていた。

第75EFSは2014年4月の第3週にムーディ空軍基地へ帰還し、空軍予備役部隊の第303EFSがそのあとを引き継いだ。今回の異動は、この予備役部隊がほかの予備役または州兵空軍部隊と任務を分担することなく、単独で展開期間を担うという前例のないものだった。第303EFSの飛行隊長はブライアン・ストーン中佐で、2014年8月に指揮下のある搭乗員の家族に送った手紙で、7ヵ月間と予定された展開の最初の4ヵ月ですでに飛行隊は1,450ソーティを飛び、総飛行時間は5, 500時間を超えたと彼は記している。第303飛行隊は580件以上のJTAR〔統合戦術航空攻撃要求〕と250件以上のTIC状況を支援し、26,000ポンド〔11.8t〕の爆弾と25,000発以上の30㎜砲弾を使用した。第303EFSがホワイトマン空軍基地に帰還したのは10月26日だった。

インディアナ州兵空軍第122戦闘航空団の第163EFSが第303飛行隊の後任としてアフガニスタンに到着したが、これは同部隊にとって2012年にF-16Cからの機種転換を完了して以来初の海外展開だった。12機の「ホッグ」がバグラーム空軍基地に着陸したのは10月の第2週で、直ちにアフガニスタンで航空支援を開始した。しかし今回の展開には未確定要素が多くあり、その最たるものが期間で、それは米軍のOEFへの軍事的関与が急速に終結に向かっていたためだった。展開開始から1ヵ月も経たないうちに第163EFSの人員は荷物をまとめてバグラーム空軍基地から立ち去ることとなり、こうして13年間近くつづいたA-10のOEF戦闘作戦は幕を閉じたのだった。

しかし同飛行隊はインディアナ州フォートウェインへ引き返したのではなかった。代わりにクウェートのアフメド・アル・ジャベール空軍基地に再配置されたのだが、そこは2002年に最初のA-10部隊がOEF支援のために展開した場所だった。今回、第163飛行隊は新たに命名された「生来の決意」作戦に加わることにな

「フライングタイガース」伝統の独特なシャークマウスを消され、バグラーム空軍基地で最後の出撃準備を整えるA-10C、79-0913。2014年2月。本機はムーディ空軍基地の第75FSへ移籍される前は、ミシガン州兵空軍の第107FSで使用されていた。(USAF)

2014年春のある夕暮れ、アフガンの農村地帯上空で給油機から横滑りして離れていくA-10C、79-0193。パイロットが2013年初めに導入された新型のヘルメット装着型統合照準（HMIT）システムを装着しているのがわかる。(USAF)

ったが、これはISIS（イラクとシリアのイスラム国）に対して米国政府とその同盟国が実施する戦闘作戦だった。ISISが深刻かつ狂信的な脅威として出現したのは2012年、シリア内戦の初期段階だった。この集団は中東にイスラム国家ないしカリフ支配体制を再建するためと称する遠征で大量虐殺を繰り返していた。未熟なイラク陸軍に対してISISが次々に軍事的大勝利をおさめたため、イラクは崩壊の瀬戸際まで追い込まれ、その進撃を食い止めるべく合衆国が主導する航空攻撃が開始された。

A-10がイラクとシリアの上空でISISに対する戦闘作戦の先鋒を務めていたにもかかわらず、米空軍内部では本機を退役させようという動きがまだ活発だった。事実、空軍は2016会計年度予算請求時に本機をお払い箱にしようと、またしてもA-10は単一目的機でしかなく、資金と人的資源は近代化の推進に再分配すべきだと繰り返したのだった。デボラ・リー・ジェイムズ空軍長官は2015年1月15日の演説で、8月の「生来の決意」作戦の開始以来、A-10が参加した航空戦闘作戦は11％にしかすぎず、これに対し達成ソーティ数ではF-16部隊が41％、F-15Eストライクイーグル部隊が37％を占めていると指摘した。しかし彼女の発言にはある重要な前提条件が抜け落ちていた。上記の他機種は「生来の決意」作戦の開始時以来ずっと戦闘を行なっていたのに対し、A-10が戦闘に加わったのはつい最近の11月中旬からだったという点である。

単純に言えば本機が時代遅れで現代の戦場では脆弱だという意見にもかかわらず、「ホッグ」はイラクとシリアの空で懸命に戦いつづけていた。特にCAS任務における性能は、本作戦のほかの参加機の追随を許さなかった。

A-10がOEFでの仕事を終えたように見える今、13年間にわたる戦闘からは深い感慨が生まれていた──特に「ホッグ」パイロットたちが危険を冒して飛んでくれたおかげで命を救われた兵士や海兵隊員たちの心に。OEFの任務を振り返りながら、レイマン中佐はこの機を飛ばす意味について語ってくれた。

「実戦でA-10飛行隊を指揮する機会にめぐり会えたのは幸せなことです。その幸運に恵まれた軍人はごくわずかです。OEFは最後の晴れ舞台だったとA-10関係者のあいだで言われるかもしれません。でも私は違います。うちのパイロットや隊員たちが、自らがアフガニスタンで成し遂げたことを誇りに思っているのは知ってますし、彼らがA-10部隊としてOEFの一翼を担ったことをそれよりも誇りに思っていることもわかってます。それは私も同じです」

「私はこの機とともにアフガニスタンへ四度行きました。私たちは米空軍のもっとも重要なふたつの任務、CAS〔近接航空支援〕とCSAR〔戦闘間捜索救難〕をやり遂げたのだと、ひとりのA-10パイロットとして信じています。これらの任務は私たちの身魂であり、存在意義です。A-10が退役すれば、私たちの人脈と専門知識も薄まっていくでしょう。それは危ないことだと思います。この高い練度を誇るCASとCSARのプロたちは、ほかの人脈に分散していかなければなりません。CAS任務が米空軍の対地ドクトリンで脚注付き扱いになってしまうことは、何としても防がねばなりません」

「A-10という飛行機はすべての歩兵、海兵隊員、特殊作戦部隊員がいちばん頼りにしていた存在だと思います。この飛行機、そしてそのパイロットと整備員たちは求められる以上の仕事をしました。この機は設計の想定を上まわる活躍を見せませた。A-10は完璧なウェポンシステムであり、熟練パイロットの手にかかるととてつもない威力を発揮しました」

「私たちA-10パイロットがしてきたことを」レイマンはつづけた。「尊んでくれるのは私たちに支援された人たちだけです。彼らから私たちは絶対の信頼を勝ち取ったんです」

2013年10月に第303EFSがアフガニスタンを去ると、インディアナ州兵空軍の第163EFSがバグラームでの任務を引き継いだ。これは同部隊にとって2012年にF-16から機種転換して以来初となるA-10での展開だった。展開から1ヵ月もしないうちに第163EFSの人員はバグラームから荷物をまとめて去り、こうして13年近くに及んだOEFにおけるA-10の戦闘作戦は幕を閉じた。
(USAF)

展開中のインディアナ州兵空軍第122FW／第163FSのA-10Cのうち、半数がこの写真に収まっている。2014年11月17日、アフガニスタンのバグラーム空軍基地から直接クウェートのアフメド・アル・ジャベール空軍基地に飛来した直後の撮影。こうして12年以上つづいたOEFでのA-10の戦闘作戦は終了し、これらの「ホッグ」は第332AEG所属となり、それとほぼ同時におそらくA-10の戦歴の最終章となると思われるISISとの戦いがイラクとシリアで幕を開けた。（USAF）

巻末資料
APPENDICES

不朽の自由作戦（OEF）2008-14で展開したA-10サンダーボルトII
A-10 THUNDERBOLT II OEF DEPLOYMENTS 2008-14

第172EFS（A-10C）、バグラーム空軍基地、2007年11月～2008年1月
78-0717(MD)、78-0683(MD)、78-0637(MD)、79-0087(MD)、78-0705(MD)、80-0255(BC)、80-0257(BC)、81-0975(BC)、81-0994(BC)

第81EFS（A-10A）、バグラーム空軍基地、2008年1月～2008年5月
79-0207(SP)、80-0281(SP)、81-0945(SP)、81-0951(SP)、81-0952(SP)、81-0963(SP)、81-0966(SP)、81-0978(SP)、81-0983(SP)、81-0984(SP)、81-0992(SP)、82-0649(SP)

第103EFSおよび第303EFS（いずれもA-10A+）、バグラーム空軍基地、2008年5月～2008年9月
78-0655(KC)、79-0093(KC)、79-0119(KC)、79-0123(KC)、80-0230(PA)、80-0273(PA)、81-0981(PA)、82-0659(PA)、78-0611(ID)、78-0627(ID)、78-0653(ID)、80-0250(ID)

第75EFS（A-10C）、バグラーム空軍基地、2008年9月～2009年1月
78-0674(FT)、78-0679(FT)、78-0697(FT)、79-0138(FT)、79-0172(FT)、79-0179(FT)、79-0186(FT)、79-0192(FT)、80-0140(FT) *、80-0149(FT) *、80-0178(FT)、80-0226(FT)
*印は検査のためシュパングダーレムへ飛ばされ、以下がその代替機。
79-0135(FT)、80-0272(FT)、80-0144(FT)、80-0252(FT)、80-0657(FT)、81-0944(FT)

第74EFS*（A-10C）、バグラーム空軍基地、2009年1月～2009年7月
78-0596(FT)、78-0598(FT)、78-0600(FT)、81-0964(FT)、81-0967(FT)、81-0979(FT)、82-0664(FT)
*交代したのは人員のみで、航空機はバグラームに残留した。2009年5月3日に第75EFS所属機だった78-0679、79-0138、79-0179、80-0144の4機がムーディ空軍基地に帰還した。

第354EFS（A-10C）、カンダハル飛行場、2009年7月～2010年1月
78-0684(DM)、78-0709(DM)、79-0202(DM)、80-0142(DM)、80-0150(DM)、80-0179(DM)、80-0246(DM)、80-0280(DM)、81-0948(DM)、81-0950(DM)

第104EFSおよび第184EFS（いずれもA-10C）、カンダハル飛行場、2010年1月～2010年5月
78-0640(MD)、78-0682(MD)、78-0702(MD)、78-0719(MD)、78-0720(MD)、79-0082(MD)、79-0165(MD)、78-0613(FS)、78-0646(FS)、78-0659 (FS)、79-0129(FS)、80-0166(FS)

第81EFS*（A-10C）、カンダハル飛行場、2010年5月～2010年9月
80-0275(SP)、81-0945(SP)、81-0963(SP)、81-0976(SP)、81-0980(SP)、81-0985(SP)、81-0991(SP)、82-0649(SP)、82-0654(SP)、82-0656(SP)
*第190FSからのA-10C、78-0703(ID) と79-0194(ID) の2機はカンダハルへ移動された。両機は2010年7月26日にボイシへ出発した。

第75EFS（A-10C）、カンダハル飛行場、2010年9月～2011年3月
78-0596(FT)、78-0600(FT)、78-0688(FT) *、79-0139(FT) *、79-0159(FT)、79-0172(FT) *、79-0206(FT)、79-0207(FT)、79-0223(FT)、80-0172(FT)、80-0180(FT)、80-0223(FT) *、80-0259(FT)、80-0282(FT)、81-0947(FT) *、81-0953(FT) *、81-0995(FT)
*印は第74EFSの展開のために残留した。

第74EFS（A-10C）、カンダハル飛行場、2011年3月～2011年10月
78-0600(FT)、78-0674(FT)、78-0688(FT)、79-0135(FT)、79-0138(FT)、79-0172(FT)、79-0179(FT)、79-0189(FT)、80-0144(FT)、80-0223(FT)、80-0228(FT)、80-0272(FT)、80-0277(FT)、80-0189(FT)、81-0947(FT)、81-0990(FT)、82-0660(FT)

第107EFS、第303EFS、第47EFS（すべてA-10C）、カンダハル飛行場およびバグラーム空軍基地、2011年10月～2012年3月
80-0275(SP)、81-0956(SP)、81-0965(SP)、81-0966(SP)、81-0981(SP)、81-0985(SP)、80-0163(MI)、80-0258(MI)、80-0262(MI)、80-0265(MI)、81-0994(MI)、81-0998(MI)、79-0109(KC)、79-0111(KC)、79-0119(KC)、79-0094(BD)、79-0145(BD)、79-0154(BD)

第104EFSおよび第184EFS（いずれもA-10C）、
バグラーム空軍基地、2012年3月～2012年10月

78-0682(MD)、78-0683(MD)、78-0693(MD)、78-0702(MD)、78-0719(MD)、79-0082(MD)、79-0087(MD)、79-0088(MD)、78-0583(FS)、78-0613(FS)、78-0614(FS)、78-0616(FS)、78-0621(FS)、78-0639(FS)、78-0630(FS)、78-0646(FS)、80-0166(FS)、80-0188(FS)

第354EFS（A-10C）、バグラーム空軍基地、
2012年10月～2013年4月

78-0650(DM)、78-0670(DM)、78-0706(DM)、79-0167(DM)、79-0178(DM)、79-0196(DM)、79-0198(DM)、80-0147(DM)、80-0169(DM)、80-0187(DM)、80-0197(DM)、80-0203(DM)、80-0210(DM)、80-0212(DM)、81-0974(DM)、81-0997(DM)、82-0648(DM)、82-0662(DM)

第74EFS（A-10C）、バグラーム空軍基地、
2013年4月～2013年10月

80-0275(SP)、81-0960(SP)、81-0962(SP)、81-0980(SP)、81-0981(SP)、81-0983(SP)、82-0646(SP)、82-0650(SP)、78-0597(FT)、79-0192(FT)、79-0207(FT)、80-0194(FT)、80-0252(FT)、80-0272(FT)、81-0964(FT)、81-0990(FT)、82-0657(FT)、82-0660(FT)

第75EFS（A-10C）、バグラーム空軍基地、
2013年10月～2014年4月

78-0597(FT)、78-0644(FT)、78-0674(FT)、78-0697(FT)、79-0139(FT)、79-0193(FT)、80-0140(FT)、80-0194(FT)、80-0208(FT)、80-0226(FT)、80-0241(FT)、80-0256(FT)

第303EFS（A-10C）、バグラーム空軍基地、
2014年4月～2014年10月

78-0631(KC)、79-0090(KC)、79-0093(KC)、79-0111(KC)、79-0113(KC)、79-0117(KC)、79-0119(KC)、79-0122(KC)、79-0136(KC)、79-0152(KC)、80-0201(KC)、82-0653(KC)

第163EFS（A-10C）、バグラーム空軍基地、
2014年10月

78-0626(IN)、78-0658(IN)、78-0659(IN)、78-0692(IN)、79-0095(IN)、79-0185(IN)、79-0215(IN)、80-0152(IN)、80-0177(IN)、80-0191(IN)、80-0214(IN)、80-0267(IN)

オスプレイエアコンバットシリーズ スペシャルエディション 3

不朽の自由作戦のA-10サンダーボルトII部隊 2008-2014

A-10 THUNDERBOLT II UNITS OF OPERATION ENDURING FREEDOM 2008-14

著者
ゲイリー・ウィッツェル

訳者
平田光夫

編集
スケールアヴィエーション編集部
【石塚 真・半谷 匠・佐藤南美】

装丁デザイン
海老原剛志

DTP
小野寺 徹

発行日
2016年11月3日 初版第1刷

発行人
小川光二

発行所
株式会社 大日本絵画
〒101-0054 東京都千代田区神田錦町1丁目7番地
Tel. 03-3294-7861（代表）
URL. http://www.kaiga.co.jp

企画・編集
株式会社 アートボックス
〒101-0054 東京都千代田区神田錦町1丁目7番地
錦町一丁目ビル4F
Tel. 03-6820-7000（代表） Fax. 03-5281-8467
URL. http://www.modelkasten.com/

印刷・製本
大日本印刷株式会社

◎内容に関するお問い合わせ先：03(6820)7000 ㈱アートボックス
◎販売に関するお問い合わせ先：03(3294)7861 ㈱大日本絵画

Publisher: Dainippon Kaiga Co., Ltd.
Kanda Nishiki-cho 1-7, Chiyoda-ku, Tokyo 101-0054 Japan
Phone 81-3-3294-7861
Dainippon Kaiga URL. http://www.kaiga.co.jp.

A-10 THUNDERBOLT II UNITS OF OPERATION ENDURING FREEDOM 2008-14

Gary Wetzel

Editor: ARTBOX Co.,Ltd.
Nishikicho 1-chome bldg., 4th Floor, Kanda Nishiki-cho 1-7, Chiyoda-ku, Tokyo 101-0054 Japan
Phone 81-3-6820-7000
ARTBOX URL: http://www.modelkasten.com/

ISBN978-4-499-23196-1